高等学校机械类专业教材
学堂在线"计算机辅助设计"慕课配套教材

Creo 9.0 机械设计、建模与分析

陈旭玲　编

国防工业出版社
·北京·

内容简介

本书根据高等学校机械类专业需求，整合机械零件设计、机械装配、机械运动仿真、分析等内容于一体，涵盖高等学校机械类专业在学习和课题研究中常用命令，系统地介绍采用 Creo 软件进行机械零件设计、装配和运动仿真的方法。对于主要命令和功能，均是结合综合范例来帮助学生深入理论学习和灵活运用。这些实例均以机械行业常见的零部件为例进行讲解，以提高学生的工程设计和工程建模的能力，培养学生应用计算机辅助设计技术解决实际工程技术问题的能力，并为后续机械类课程的学习和研究打好基础。

本书可以作为高等院校机械类专业及其相关专业本科生和研究生课程的教材或参考书，也可以供机械类专业工程技术人员参考。

图书在版编目（CIP）数据

Creo9.0 机械设计、建模与分析 / 陈旭玲编 .
北京：国防工业出版社，2025.5. -- ISBN 978-7-118
-13588-6

Ⅰ．TH122-39

中国国家版本馆 CIP 数据核字第 2025H23U40 号

※

国防工业出版社 出版发行
（北京市海淀区紫竹院南路 23 号　邮政编码 100048）
三河市天利华印刷装订有限公司印刷
新华书店经售

*

开本 787×1092　1/16　印张 10¾　字数 244 千字
2025 年 5 月第 1 版第 1 次印刷　印数 1—2000 册　定价 39.80 元

（本书如有印装错误，我社负责调换）

国防书店：（010）88540777　　　书店传真：（010）88540776
发行业务：（010）88540717　　　发行传真：（010）88540762

前　言

1985 年，总部位于美国马萨诸塞州波士顿的美国参数技术公司（Parametric Technology Corporation，PTC）成立，这是一家美国计算机软件和服务公司。1988 年，PTC 推出 Pro/ENGINEER 软件，率先提出参数化、基于关联特征的实体建模的思想。2010 年，PTC 将 Pro/ENGINEER 重命名为 PTC Creo。Creo Parametric 是整合 PTC 的 Pro/ENGINEER 软件的参数化技术、CoCreate 软件的直接建模技术和 Product View 软件的三维可视化技术的新型 CAD 设计软件包，具有强大功能的产品设计、开发和生产软件，可以满足各种需求，如机械、电子、消费品、医疗设备、汽车、航空航天等各种行业的需求。

2011 年，PTC 发布了 Creo 1.0 版本，经过十余年的建设，2022 年发布了 Creo 9.0 版本。Creo 9.0 提供了强大的三维建模功能，能够快速精确地创建三维模型。其具有引导式建模、自由形状建模、曲线和曲面建模等多种方式，以及智能画图和可视化工具，使得用户可以更加高效地进行三维建模操作。Creo 9.0 具备完善的装配设计功能，支持多个零部件装配和运动模拟，用户可以更加精确地组装产品，并且预测产品在实际运行中的性能。Creo 9.0 还提供了多种工程分析功能，包括有限元分析、热分析、动态分析等。这些功能可以对产品的性能和可靠性进行评估，并且在产品设计的早期阶段进行预测和优化。

本书作者多年从事计算机辅助设计方面的教学和研究工作，具有比较丰富的经验。本书在内容上与传统的 CAD 软件类图书有明显的不同：第一，内容上更加关注和偏重机械类零件；第二，不仅详细介绍零件设计方法和步骤，而且介绍各种零件的应用场合和用途，寓教于用。

特别说明：本书有配套的实例、教案和教学视频，可以在"学堂在线"的计算机辅助设计慕课中直接下载和学习（https://www.xuetangx.com/course/NUAAP0401008316/23901687?channel=i.area.recent_search）。

由于时间仓促，虽然已经尽了最大努力，但疏漏在所难免，欢迎读者批评指正。

作者

2024 年 11 月

目　　录

第1章　Creo 9.0入门简介及基本操作 ·· 1
1.1　Creo简介 ··· 1
1.1.1　主要功能 ·· 1
1.1.2　设计特点 ·· 1
1.2　用户界面 ··· 2
1.2.1　快速访问工具栏 ··· 3
1.2.2　标题栏 ·· 3
1.2.3　功能区 ·· 3
1.2.4　导航选项卡区 ··· 5
1.2.5　视图控制工具条 ··· 5
1.2.6　图形区 ·· 6
1.2.7　消息区 ·· 6
1.2.8　过滤器 ·· 6
1.3　Creo软件环境设置 ··· 6
1.4　配置Creo Parametric ·· 8
1.5　设置Creo Parametric的工作目录 ·· 10

第2章　机械零件设计与建模 ··· 12
2.1　概述 ·· 12
2.2　二维草绘 ·· 12
2.2.1　二维草图中的主要术语 ··· 12
2.2.2　草绘扳手 ·· 13
2.3　典型零件建模 ·· 17
2.3.1　轴类零件设计 ·· 17
2.3.2　盘类零件设计 ·· 35
2.3.3　叉架类零件设计 ·· 53
2.3.4　箱体类零件设计 ·· 62

第3章　机械装配设计 ·· 84
3.1　装配简介 ·· 84
3.1.1　装配模块界面 ·· 84
3.1.2　装配设计的常用思路 ·· 85
3.2　约束装配 ·· 85
3.3　连接装配 ·· 89

3.4 挠性体装配 ··· 93
3.5 装配实例 ··· 95
　3.5.1 约束装配 ·· 95
　3.5.2 连接装配 ·· 100
　3.5.3 挠性装配 ·· 124
　3.5.4 自顶向下装配 ··· 134

第4章 运动仿真与分析 ·· 143
4.1 运动仿真与分析概述 ·· 143
　4.1.1 术语及概念 ··· 143
　4.1.2 Creo 机构模块界面 ··· 143
4.2 Creo 运动仿真与分析的一般过程 ·· 145
　4.2.1 特殊连接 ·· 145
　4.2.2 机构分析 ·· 146
4.3 运动仿真与分析实例 ·· 146
　4.3.1 基础实例 ·· 146
　4.3.2 典型实例 ·· 154

参考文献 ··· 163

第 1 章　Creo 9.0 入门简介及基本操作

1.1　Creo 简介

Creo Parametric（简称 Creo）是 PTC 推出的计算机辅助设计软件，整合了 PTC 的 Pro/ENGINEER 软件的参数化技术、CoCreate 软件的直接建模技术和 Product View 软件的三维可视化技术，是集设计、分析、制造于一体的大型商业化软件系统，广泛应用于汽车制造、航空航天、模具制造等行业。

Creo Parametric 兼具互操作性、开放性和易用性的特点，能够帮助用户更快速、便捷地完成设计工作。

1.1.1　主要功能

Creo Parametric 9.0 提供了强大的设计功能，本书主要涉及以下功能。

1. 3D 实体建模

无论模型多么复杂，Creo Parametric 都能创建精确的几何图形，自动创建草绘尺寸并快速地进行重用，快速创建倒圆角、倒角和孔等工程特征。Creo Parametric 还能使用族表创建系列零件。

2. 智能的装配建模

Creo Parametric 可以智能、快速地装配零件，即时创建简化表示，进行实时碰撞检测。

3. 运动仿真分析

Creo Parametric 支持对机构装置进行运动仿真及分析，可以查看机构运行状态，检查机构运行时的碰撞，进行位置分析、运动分析、动态分析、静态分析和力平衡分析，为检验和进一步改进机构设计提供参考。

1.1.2　设计特点

1. 实体建模

通过 Creo Parametric 能够创建零件和装配体的实体模型，实体模型包含模型的物理属性，如材料、质量、体积、重心和曲面面积等。

实体建模可以评估设计并进行优化，通过虚拟设计减少人力和物力的浪费并发挥计算机辅助设计的最大性能。

2. 基于特征的设计

在 Creo Parametric 中，零件建模是从创建单独的几何特征开始的，特征的有序构建组成零件模型。特征主要包括基准、拉伸、孔、圆角、倒角、曲面特征、切口、阵列、扫描等。

设计过程中所创建的特征参照其他特征时，这些特征将和所参照的特征产生相互关联,从而能够使设计意图被同时构建到模型中。特征的叠加形成复杂的零件和装配件。

3. 参数化设计

Creo Parametric 的一个重要特点就是参数化设计,参数化设计的本质是在可变参数的作用下,系统能够自动维护所有的不变参数。因此,参数化模型中建立的各种约束关系可以保持零件的完整性,并且确保设计意图的表达。

特征之间的相关性使得模型成为参数化模型,如果修改某特征,而此修改又直接影响其他相关(从属)特征,则 Creo Parametric 会动态修改那些相关特征。

4. 全局相关设计

在 Creo Parametric 中,通过全局相关性可以在零件模式外继续保持设计意图。相关性使同一模型在零件模式、装配模式、绘图(工程图)模式和其他相应模式(如管道、钣金件或电线模式)具有完全关联的一致性。因此,如果在任意一级修改模型设计,则项目将在所有级中动态反映该修改,这样便保持了设计意图。

1.2 用户界面

Creo Parametric 的工作界面主要由快速访问工具栏、标题栏、功能区、导航选项卡区、视图控制工具条、图形区、消息区和过滤器等组成,如图 1.1 所示。

图 1.1 Creo9.0 界面

1.2.1 快速访问工具栏

快速访问工具栏包含新建、保存、修改模型和设置 Creo 环境的一些命令。快速访问工具栏为快速进入命令及设置工作环境提供了极大的方便,而且用户可以根据具体情况定制快速访问工具栏。

1.2.2 标题栏

标题栏显示当前软件版本及活动模型的文件名称。

1.2.3 功能区

功能区包括"文件"下拉菜单和"命令"选项卡。"命令"选项卡以选项卡分类方式显示 Creo 中的功能按钮,用户可以根据需要自定义选项卡中的按钮,或者创建新的选项卡并放入选定的按钮。

1. "模型"选项卡

如图 1.2 所示,"模型"选项卡包含 Creo 的零件建模工具,主要有实体建模工具、曲面工具、基准特征、工程特征、特征编辑工具及模型示意图工具等。

图 1.2 "模型"选项卡

2. "分析"选项卡

如图 1.3 所示,"分析"选项卡包含 Creo 宏的模型分析和检查工具,主要用于分析测量模型中的各种物理数据、检查各种几何元素及尺寸公差分析等。

图 1.3 "分析"选项卡

3. "实时仿真"选项卡

如图 1.4 所示,"实时仿真"选项卡用于快速对模型进行仿真,可以改变模型材料、载荷、约束等,即时查看仿真结果并可视化分析结果。

图 1.4 "实时仿真"选项卡

4. "注释"选项卡

如图 1.5 所示,"注释"选项卡用于创建与管理模型的 3D 注释,包含在模型中添加尺寸注释、几何公差与基准等,这些注释也可以直接导入 2D 工程图中。

图 1.5 "注释"选项卡

5. "工具"选项卡

如图 1.6 所示,"工具"选项卡包含 Creo 中的建模辅助工具,主要有模型播放器、参考查看器、搜索工具、族表工具、参数化工具、辅助应用程序等。

图 1.6 "工具"选项卡

6. "视图"选项卡

如图 1.7 所示,"视图"选项卡主要用于设置管理模型的视图,可调整模型的显示效果、外观,设置显示样式,控制基准特征显示与隐藏等。

图 1.7 "视图"选项卡

7. "柔性建模"选项卡

如图 1.8 所示,"柔性建模"选项卡主要用于编辑模型中的各种实体和特征。

图 1.8 "柔性建模"选项卡

8. "应用程序"选项卡

如图 1.9 所示,"应用程序"选项卡主要用于切换到 Creo 的工程模块,如焊件设计、模具设计、分析模拟等。

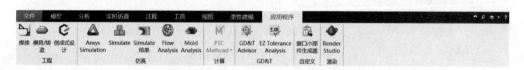

图 1.9 "应用程序"选项卡

1.2.4　导航选项卡区

导航选项卡包括三个页面选项，分别是图 1.10 所示"模型树"、图 1.11 所示"文件夹浏览器"和图 1.12 所示"收藏夹"。

图 1.10　模型树

图 1.11　文件夹浏览器

图 1.12　收藏夹

1. "模型树"页面

"模型树"中列出了活动文件中的所有零件及特征，并以树的形式显示模型结构。其中，根对象显示在模型树的顶部，从属对象位于根对象之下。

对于装配文件而言，模型树列表的顶部是组件，组件下方是每个零件的名称。对于零件而言，模型树列表的顶部是零件，零件下方是每个特征的名称。

若打开多个 Creo 模型，模型树只显示活动模型内容。

2. "文件夹浏览器"页面

"文件夹浏览器"类似于 Windows 操作系统的资源管理器，用于浏览文件。

3. "收藏夹"页面

"收藏夹"可以帮助有效组织和管理个人资源。

1.2.5　视图控制工具条

如图 1.13 所示，视图控制工具条是将"视图"选项卡中的部分常用命令按钮集成到一个工具条中，方便随时调用。

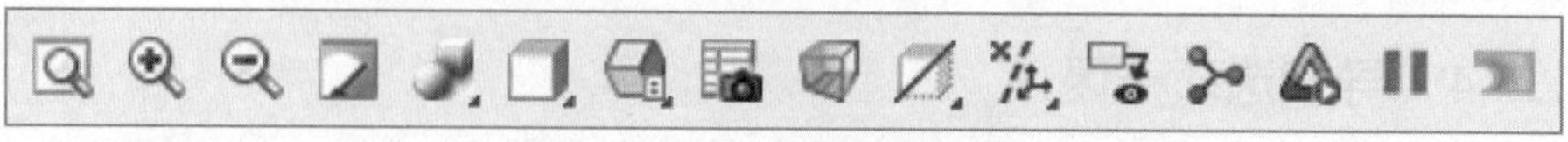

图1.13 视图控制工具条

1.2.6 图形区

图形区用于显示 Creo 模型图像。

1.2.7 消息区

消息区用于实时显示与当前操作相关联的提示信息等，以引导用户操作。消息分信息、提示、警告、出错和危险五类，分别以不同的图标提醒，其中常见的三种图标为●（信息）、➡（提示）、⚠（警告）。

1.2.8 过滤器

"过滤器"也称为智能选取栏，主要用于快速选取某些特殊要素，如几何、基准等。

1.3 Creo 软件环境设置

选择下拉菜单中的"文件"→"选项"→"选项"，系统弹出如图 1.14 所示的"Creo Parametric 选项"，可以设置系统颜色、模型显示、图元显示等。

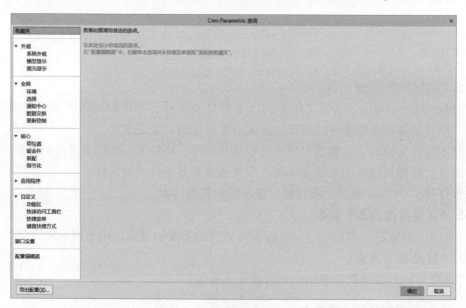

图 1.14 Creo Parametric 选项

在 Creo Parametric 选项界面中改变设置，仅对当前进程产生影响。当再次启动 Creo 软件时，如果存在配置文件 config.pro，则由该配置文件定义设置，否则由系统默认配置定义。

下面介绍部分常用的环境设置命令。

1. 系统外观

如图 1.15 所示，系统外观中的"全局颜色"下的"图形"中的"背景"项，可以调整图形区的背景颜色。

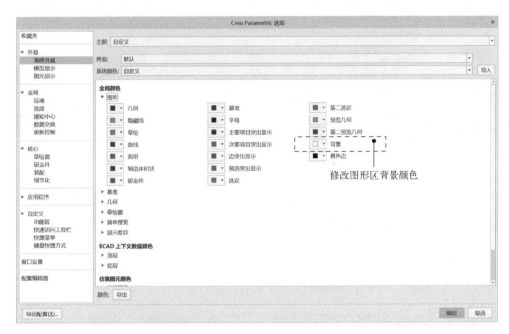

图 1.15　系统外观

如图 1.16 所示，通过背景颜色选项可以将绘图区背景色从灰色改成白色。

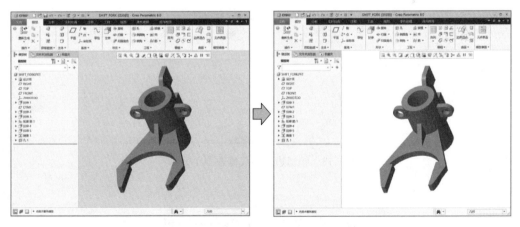

图 1.16　改变绘图区背景颜色

2. 图元显示

如图 1.17 所示，图元显示下的"相切边显示样式"可以修改以线框形式显示的模型相切边，选项有实线、不显示、虚线、中心线和灰色。

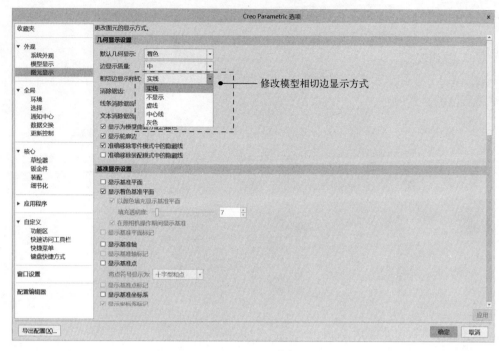

图 1.17　图元显示

如图 1.18 所示,将模型相切边从实线显示修改为不显示。

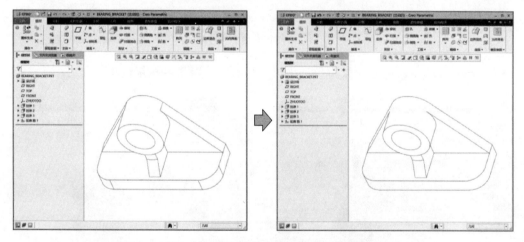

图 1.18　相切边从实线修改为不显示

1.4　配置 Creo Parametric

在 Creo Parametric 系统中,如图 1.19 所示,可以通过"Creo Parametric 选项"对话框的"配置编辑器"中的 config.pro 配置文件和值来自定义配置 Creo Parametric 的方式,包括 Creo Parametric 运行的各方面。

第 1 章　Creo 9.0 入门简介及基本操作

图 1.19　配置编辑器

config.pro 配置文件是一个特殊的文本文件，用于存储定义 Creo Parametric 处理操作方式的所有配置，其中的每个配置选项包含以下信息：

（1）配置选项名称。

（2）默认和可用的变量或值，其中默认值用星号"＊"标记。

（3）描述配置选项的简单说明和注释。

config.pro 配置文件选项众多，本节仅以 menu_translation 为例介绍其设置方法及步骤。

步骤一：打开"配置编辑器"

（1）在"文件"选项卡中先选择"选项"，再单击"选项"，弹出"Creo Parametric 选项"对话框。

（2）在"Creo Parametric 选项"对话框中单击"配置编辑器"，打开如图 1.19 所示的配置编辑器。

步骤二：查找 menu_translation 命令

（1）单击"配置编辑器"选项卡中的"查找"。

（2）在弹出的如图 1.20 所示的"查找选项"对话框中的"输入关键字"栏输入 menu_translation，单击"立即查找"。

步骤三：修改 menu_translation 值

（1）如图 1.20 所示，单击"查找选项"对话框中"设置值"旁的箭头，展开下拉菜单，其选项有"yes＊""no"和"both"，分别代表软件界面为中文、英文和中英文双语，其中"yes＊"为默认值。

（2）单击"添加/更改（A）"，单击"关闭"，退出"查找选项"对话框。

9

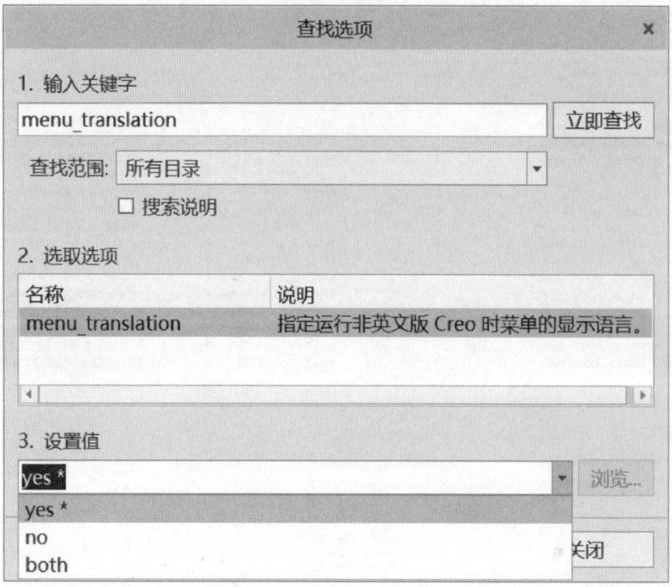

图 1.20 "查找选项"对话框

（3）单击"确定"，退出"Creo Parametric 选项"卡。

1.5 设置 Creo Parametric 的工作目录

工作目录是指分配存储 Creo Parametric 文件的区域。在运行过程中 Creo Parametric 将大量的文档保存在工作目录中，也经常从工作目录中调取文档，为了便于项目文档的快速存储和读取，通常需要事先设置工作目录。

设置工作目录有两种方式：第一种是临时性地设置工作目录，第二种是设置进入 Creo 软件后自动切换到工作目录。下面介绍这两种操作方式。

临时性设置工作目录步骤如下：

步骤一：进入"选择工作目录"

（1）在"文件"选项卡中选择"管理会话（M）"。

（2）再单击"选项工作目录" ，弹出"选择工作目录"对话框。

步骤二：设置工作目录

（1）如图 1.21 所示，单击目录选择条，选择合适的工作目录。

（2）单击"确定"，完成工作目录设置。

设置进入 Creo 软件后自动切换到工作目录步骤如下：

步骤一：进入"属性"对话框

（1）右击桌面上的 Creo Parametric 图标 。

（2）在弹出的快捷菜单中选择"属性"命令。

步骤二：设置工作目录

（1）弹出如图 1.22 所示的"Creo Parametric 9.0.0.0 属性"对话框，在"起始位

置"后面的文本框中输入工作目录。

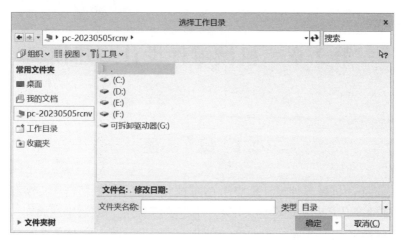

图 1.21　选择工作目录

图 1.22　在属性中设置工作目录

（2）单击"确定",完成工作目录设置。

第 2 章　机械零件设计与建模

2.1　概　　述

Creo Parametric 机械零件设计是应用 Creo 的相关命令构造精密、直观和准确的机械零件，从而辅助产品开发实现设计、工艺、制造的无纸化，缩短生产周期。

Creo Parametric 是基于特征的软件。在进行零件设计前，应对零件的总体结构进行分析，将其分解为拉伸特征、旋转特征、混合特征等，并构建各个特征之间的顺序关系。在造型时，往往先利用二维草绘截面帮助构建各种特征，因此草绘不仅是设计时的参考，也是最基本、最重要的设计步骤之一。

2.2　二维草绘

Creo Parametric 中的零件设计是以特征为基础进行的，大部分的几何体特征都源于二维草图。创建零件模型一般需要先创建几何特征的二维草图，然后根据草图创建三维特征，并对各个特征进行恰当的布尔运算，最终得到零件模型。因此，二维截面草图是零件建模的基础，非常重要。掌握草图绘制的方法和技巧可以极大地提高零件设计的效率。

2.2.1　二维草图中的主要术语

Creo Parametric 二维草图中常用的术语及解释如下：

图元：二维草图中的任何几何元素，如直线、中心线、圆弧、圆、点和坐标系等。
参考图元：绘制和标注二维草图时所参考的图元。
尺寸：图元大小、位置的度量。
约束：定义图元间的位置关系。定义约束后，约束符号会出现在被约束的图元旁边。
参考：草图中的辅助元素。
关系：关联尺寸和（或）参数的等式。
"弱"尺寸：由系统自动建立的尺寸。当用户增加需要的尺寸时，系统可以在没有用户确认的情况下自动删除多余的"弱"尺寸。默认状态下，"弱"尺寸显示为蓝色。
"强"尺寸：由用户创建的尺寸。用户可将符合要求的"弱"尺寸转换为"强"尺寸。系统不能自动删除"强"尺寸，如果几个"强"尺寸发生冲突，则系统会要求删除一个。"强"尺寸显示为蓝黑色。

冲突：两个或多个"强"尺寸或约束可能会产生矛盾或多余条件，出现这种情况时必须删除一个不需要的约束或尺寸。

2.2.2 草绘扳手

扳手是一种常用的安装与拆卸工具，是利用杠杆原理拧转螺栓、螺钉、螺母和其他螺纹紧持螺栓或螺母的开口或套孔固件的手工工具。

本实例要绘制的扳手二维草图如图 2.1 所示，主要掌握草绘中直线、圆、圆弧、特殊图形的绘制，以及尺寸标注，添加、修改约束等命令。

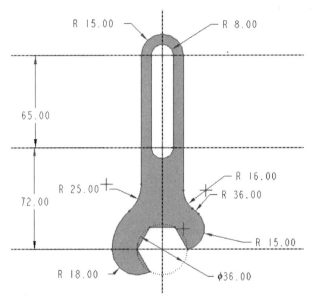

图 2.1 扳手二维草绘图

步骤一：新建草绘 wrench.sec

（1）在"文件"选项卡中单击"新建" ，弹出"新建"对话框。

（2）在"类型"选项组中选择"草绘"，在"名称"文本框中输入 wrench。

（3）单击"确定"按钮，进入草绘模式。

步骤二：绘制构造线

（1）单击"草绘"选项卡中的"构造模式" 。

（2）单击"中心线" ，绘制如图 2.2 所示的四根构造线。

（3）双击尺寸，修改数值如图 2.2 所示。

步骤三：导入六边形

（1）单击"草绘"选项卡中的"选项板" ，在如图 2.3 所示的"草绘器选项板"中单击"六边形"，并将其拖动到绘图区域后松开左键。

（2）如图 2.4（a）所示✳为六边形的基点。右键单击基点✳可以调整基点的位置，左键单击基点✳可以调整六边形的位置。

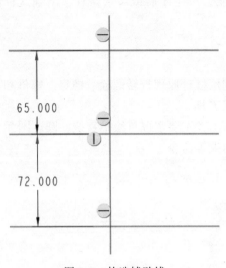

图 2.2　构造辅助线　　　　　　图 2.3　草绘器选项板

（3）左键单击基点⊛将六边形放置于图 2.4（b）所示位置，在"导入截面"选项卡的"缩放因子"后面的文本框中输入 18。

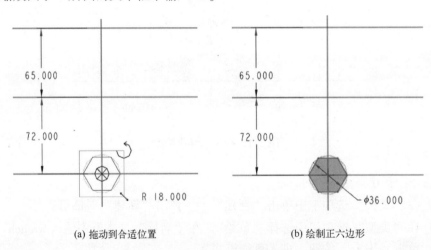

(a) 拖动到合适位置　　　　　　(b) 绘制正六边形

图 2.4　导入六边形截面

（4）单击"尺寸"↔，在六边形的构造圆上单击两次，用中键单击尺寸放置位置，输入 36。

（5）单击"确定"按钮✔，完成并退出导入截面模式。

步骤四：绘制扳手头

（1）单击"草绘"选项卡中的"圆心和端点"，圆心为六边形的中心，绘制如图 2.5 所示的圆弧，半径为 R36。

（2）单击"草绘"选项卡中的"3 点/相切端"，在 R36 圆弧的左端绘制如图 2.6（a）所示 R18 的圆弧。单击"相切"约束，为 R36 和 R18 的圆弧添加相切约束。

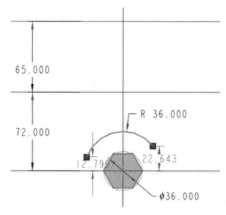

图 2.5 绘制 R36 的圆弧

（3）单击"草绘"选项卡中的"3 点/相切端"，在 R36 圆弧的右端绘制如图 2.6（b）所示 R15 的圆弧。单击"相切"约束，为 R36 和 R15 的圆弧添加相切约束。

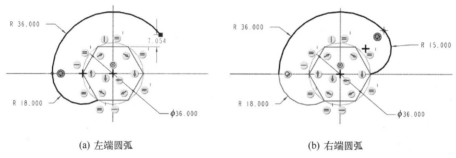

(a) 左端圆弧　　　　　　　　　　(b) 右端圆弧

图 2.6 绘制左右圆弧

（4）删除多余图线，扳手头部绘制结果如图 2.7 所示。

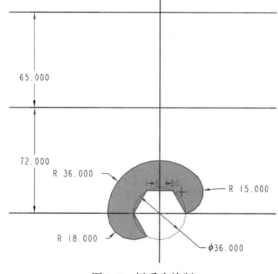

图 2.7 扳手头绘制

步骤五：绘制扳手柄

（1）单击"草绘"选项卡中的"圆心和端点"，绘制如图 2.8（a）所示的内圈圆弧，半径为 R8。单击"线"，连接两端圆弧，绘制结果如图 2.8（a）所示。

（2）单击"草绘"选项卡中的"圆心和端点"，绘制如图 2.8（b）所示的外圈圆弧，半径为 R15。单击"线"，连接两端圆弧，绘制结果如图 2.8（b）所示。

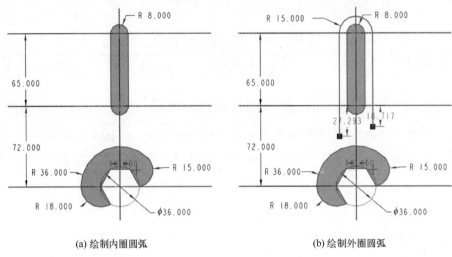

图 2.8 绘制扳手柄的圆弧和直线

（3）单击"草绘"选项卡中的"3点/相切端"，如图 2.9（a）所示用 R25 圆弧连接左侧直线和 R36 的圆弧。单击"相切"约束，分别为直线与 R25 圆弧、R25 圆弧与 R36 圆弧添加相切约束。

（4）单击"草绘"选项卡中的"3点/相切端"，如图 2.9（b）所示用 R16 圆弧连接右侧直线和 R15 的圆弧。单击"相切"约束，分别为直线与 R15 圆弧、R16 圆弧与 R15 圆弧添加相切约束。

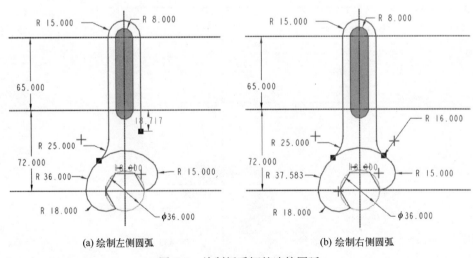

图 2.9 绘制扳手柄的连接圆弧

(5) 删除多余图线，扳手草绘完成图如图 2.10 所示。

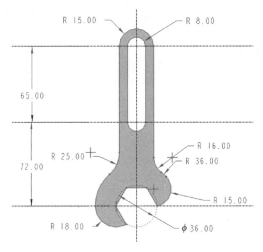

图 2.10　扳手草绘完成图

2.3　典型零件建模

机器或部件都是由多个零件装配而成的，不同的零件具有不同的结构形状和功能。常见的零件分为四种类型，即轴类零件、盘类零件、叉架类零件和箱体类零件。

2.3.1　轴类零件设计

轴类零件是机器中常见的典型零件之一，主要用于支承传动零部件，传递运动、扭矩、弯矩和承受载荷。轴类零件结构特点是轴向尺寸大于径向尺寸，一般为圆柱状，各段可以有不同的直径。根据结构形状的不同，可以分为光轴、阶梯轴和异形轴，其常见结构有实心（或空心）圆柱体、键槽、退刀槽、倒圆角、倒角、螺孔、销孔等。

下面通过实例介绍轴类零件中的阶梯轴、花键轴和曲轴的建模方法及过程。

1. 阶梯轴建模

阶梯轴是由不同外径组成的有台肩的轴，通过阶梯的轴肩定位不同内径零件（齿轮、轴承等）的安装。高低不同的轴肩不但可以限制阶梯轴上各零件的轴向运动或运动趋势，从而防止安装在轴上的零件工作中产生移动，而且能减小工作中某些零件相互间产生的轴向压力。

本实例要创建的阶梯轴如图 2.11 所示。其主体造型可以采用旋转形成，辅助以拉伸、孔、倒圆角、倒角命令生成键槽、销孔、倒圆角和倒角。

步骤一：新建零件 multi_diameter_shaft.prt

（1）在"文件"选项卡中单击"新建" ，弹出"新建"对话框。

（2）在"类型"选项组中选择"零件"，"子类型"选项组中选择"实体"，"名称"文本框中输入 multi_diameter_shaft，默认勾选"使用默认模板"复选框。

（3）单击"确定"按钮，进入零件设计模式。

图 2.11 阶梯轴模型

步骤二：采用旋转命令创建阶梯轴主体

(1) 单击"模型"选项卡中的"旋转"。
(2) 选择 FRONT 基准平面作为草绘平面，进入草绘模式。
(3) 采用"中心线"绘制一条水平的中心线，即旋转轴。
(4) 采用"线链"绘制封闭的旋转剖面，如图 2.12 所示。

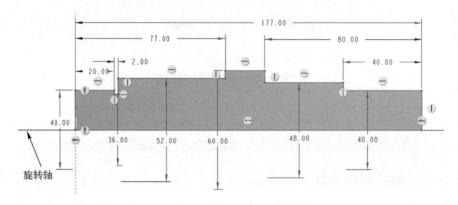

图 2.12 旋转命令的草绘截面

(5) 单击"确定"按钮，完成并退出草绘模式。
(6) 接受默认的旋转角度"360°"，单击"确定"按钮。

步骤三：阶梯轴两端倒角

(1) 单击"模型"选项卡中的"倒角"。
(2) 在"倒角"选项卡上选择倒角标注形式为 D×D，在 D 尺寸框中输入 2。
(3) 在模型中选择图 2.13 所示的两条边线。
(4) 单击"确定"按钮，倒角结果如图 2.14 所示。

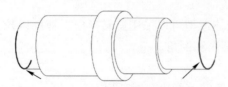

图 2.13 选择要倒角的边

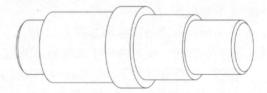

图 2.14 倒角结果

步骤四：阶梯轴轴肩倒圆角

(1) 单击"模型"选项卡中的"倒圆角"。

(2) 在"倒圆角"选项卡中选择尺寸标注为"圆形",在"半径"尺寸框中输入3。
(3) 在模型中选择图2.15所示的三条边线。
(4) 单击"确定"✔,倒圆角结果如图2.16所示。

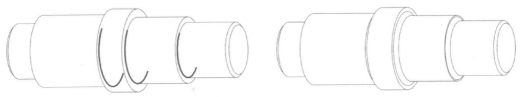

图2.15 选择要倒圆角的边　　　　　图2.16 倒圆角结果

步骤五：采用拉伸切除命令创建键槽
(1) 创建基准平面DTM1。
① 单击"模型"选项卡中的"平面"□。
② 选择FRONT面为偏移参考,偏移距离为18,如图2.17所示。

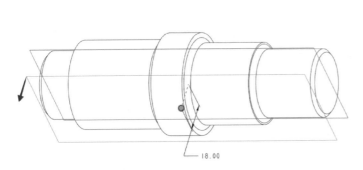

图2.17 创建基准平面DTM1

③ 单击"确定"按钮,完成基准平面DTM1的创建。
(2) 单击"模型"选项卡中的"拉伸"。
(3) 以DTM1为草绘面,RIGHT面朝右,进入草绘器。
(4) 单击"参考",删除原有参考,增加如图2.18所示TOP面和一条边为新参考。
(5) 绘制如图2.19所示的拉伸剖面,单击"确定"✔。

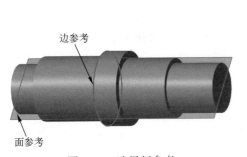
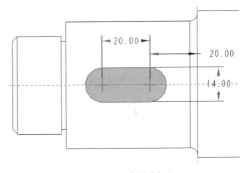

图2.18 选择新参考　　　　　　　图2.19 草绘剖面

（6）在"拉伸"选项卡中选择"实体"按钮和"移除材料"按钮，深度为"穿透"，剪切和拉伸两个箭头方向如图 2.20 所示。

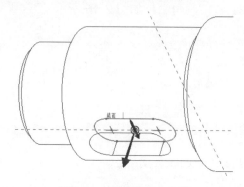

图 2.20　设置拉伸方向等

（7）单击"确定"。

步骤六：采用孔命令创建销孔

（1）单击"模型"选项卡中的"孔"。

（2）孔选项卡中各项选择如图 2.21 所示。类型选择"线型"；放置选择 TOP 面；选择偏移参考时按住 Ctrl 键同时选择 FRONT 面和一条边，与 FRONT 面对齐，与边相距 15；孔径为 12，深度为"穿透"。

 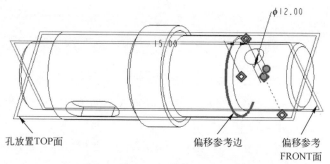

图 2.21　放置选项卡参数

（3）单击"确定"。

2. 花键轴建模

通常将外表上具有花键结构的轴称为花键轴。花键一般指轴外表上的纵向键槽，与套在轴上的旋转件上对应键槽相配合后用于机械传动。花键轴分为矩形花键轴和渐开线花键轴两种大类型。矩形花键轴承载能力高，对中性、导向性能好，由于齿根较浅故而应力集中较小，因此常应用于飞机、汽车、机床制造业和一般机械传动。

本小节将通过两个实例来创建花键轴：第一个实例是创建一个新的花键轴，第二个实例是通过定义与使用 UDF 来创建花键轴。

创建新的花键轴，如下：

本实例要创建的矩形花键轴如图 2.22 所示。其主体造型可以采用旋转形成，辅助以拉伸、扫描、阵列等命令生成键槽和花键。

图 2.22　花键轴模型

步骤一：新建零件 spline_shaft.prt

（1）在"文件"选项卡中单击"新建"，弹出"新建"对话框。

（2）在"类型"选项组中选择"零件"，"子类型"选项组中选"实体"，"名称"文本框中输入 spline_shaft，默认勾选"使用默认模板"复选框。

（3）单击"确定"按钮，进入零件设计模式。

步骤二：采用旋转命令创建花键轴主体

（1）单击"模型"选项卡中的"旋转"。

（2）选择 TOP 基准平面作为草绘平面，进入草绘模式。

（3）采用"中心线"绘制一条水平的中心线，即旋转轴。

（4）采用"线链"绘制封闭的旋转剖面，如图 2.23 所示。

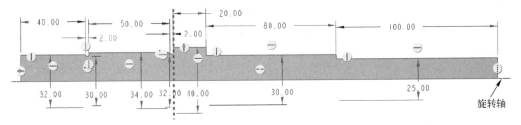

图 2.23　旋转命令的草绘截面

（5）单击"确定"，完成并退出草绘模式。

（6）接受默认的旋转角度"360°"，单击"确定"。

步骤三：花键轴两端倒角

（1）单击"模型"选项卡中的"倒角"。

（2）在"倒角"选项卡上选择倒角标注形式为 D×D，在 D 尺寸框中输入 2。

（3）在模型中选择图 2.24 所示的两条边线。

（4）单击"确定"，完成倒角。

图 2.24　选择要倒角的边

步骤四：采用拉伸切除命令创建键槽

（1）创建基准平面 DTM1：

① 单击"模型"选项卡中的"平面" ；
② 选择 TOP 面为偏移参考，向上偏移，偏移距离为 14；
③ 单击"确定"按钮，完成基准平面 DTM1 的创建。

(2) 单击"模型"选项卡中的"拉伸" 。

(3) 以 DTM1 为草绘面，RIGHT 面朝右，进入草绘器。

(4) 采用默认参考，绘制如图 2.25 所示的拉伸剖面，单击"确定" 。

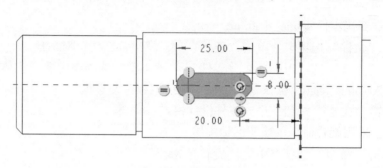

图 2.25 草绘拉伸剖面

(5) 在"拉伸"选项卡中选择"实体"按钮 和"移除材料"按钮 ，深度为"穿透" ，向外剪切图形内实体。

步骤五：采用扫描命令创建一条花键槽

(1) 单击"模型"选项卡"形状"中的"扫描"按钮 。

(2) 在"扫描"选项卡中选择"实体"按钮 、"移除材料"按钮 和"恒定截面"按钮 。

(3) 单击功能区最右侧的"基准" ，选择"草绘"，进入草绘对话框。选择 FRONT 面为草绘平面，其他选项默认，进入草绘器。

(4) 单击"参考" ，如图 2.26 所示删除原有参考 RIGHT，增加花键轴最右端面为新参考。

图 2.26 参考的删除与增加

(5) 绘制如图 2.27 所示的曲线，单击"确定" 。

(6) 在"扫描"选项卡中单击 ，退出暂停模式，重新进入"扫描"选项卡。

(7) 单击曲线端点的箭头，可以切换扫描轨迹的起点。选择如图 2.28 所示曲线右端点为扫描轨迹起点。

(8) 在"扫描"选项卡中单击"草绘" ，进入草绘器。

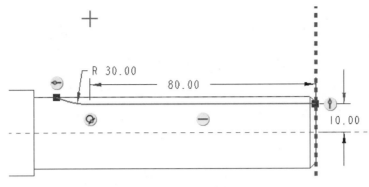

图 2.27 草绘剖面

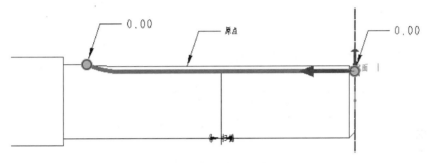

图 2.28 设定扫描轨迹起点

（9）单击"参考" ，增加如图 2.29 所示的圆柱面和轴为参考，绘制如图 2.30 所示截面。

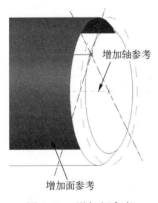

图 2.29 增加新参考

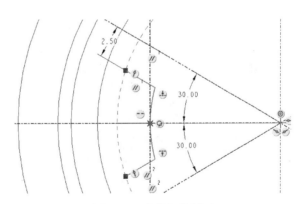

图 2.30 草绘扫描剖面

（10）单击"草绘"选项卡中的"确定" 。

（11）接受如图 2.31 所示移除材料的两个默认箭头方向，单击"确定" ，完成一条花键槽的创建。

步骤六：采用阵列命令创建其他花键槽

（1）在左侧模型树中选中刚创建的花键槽扫描特征。

（2）单击"模型"选项卡中的"阵列" ，进入"阵列"选项卡。

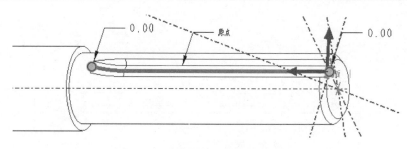

图 2.31　移除材料的两个箭头方向

(3) 在"阵列"选项卡中，类型选择"轴" ，在模型中选择特征轴 A_1。
(4) 在"阵列"选项卡中，第一方向成员框中填 6，成员间的角度框中填 60。
(5) 单击"阵列"选项卡中的"确定" ，阵列结果如图 2.32 所示。

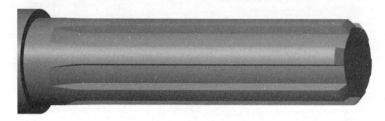

图 2.32　花键槽阵列结果

3. 通过定义与使用 UDF 创建花键轴

本实例要创建的矩形花键轴如图 2.33 所示，定义 UDF 和使用 UDF 等命令生成花键轴。

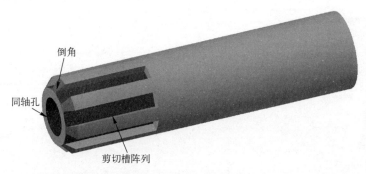

图 2.33　UDF 特征定义

步骤一：在 axel_end.prt 中创建 UDF

(1) 在"文件"选项卡中单击"打开" ，打开目录"第二章"下的 axel_end.prt。
(2) 单击"工具"选项卡下"实用工具"组里"UDF 库" ，在打开的菜单管理器中选择"创建"→输入 UDF 名：spline_end→ →"从属的"→"完成"→选择倒角、槽阵列和同轴孔→"确定"→"完成"→"完成"。
(3) 为 UDF 中各特征设置提示，如图 2.33 所示。第一条边参照输入"倒角边"→ →第二条轴参照→"单一"→"完成"→输入提示"主轴"→ →第三个基准面参照输入"基准面"→✓→第四个面参照→"单一"→"完成"→输入"轴端面"→✓→第五个体参照→"单一"→"完成"→输入"轴体"→✓→第六个曲面参照→输入"圆柱面"→✓→"完成"。

(4) 单击"可变尺寸"→"定义"→"添加尺寸"→"添加"→选择键槽剪切深度 1.25→"完成"→"键槽切割深度"→✓→"确定"→"完成"。

步骤二：将此 UDF 放置到 axel.prt 轴的两端

(1) 在"文件"选项卡中单击"打开"📁，打开"第一章"下的 axel.prt，方式为"类属模型"。

(2) 单击"模型"选项卡"获取数据"选项组中的"用户定义特征"🗂，打开上一步创建的 spline_end.gph，勾选"高级参考配置"，单击"确定"。

(3) 在弹出的"用户定义的特征放置"选项卡中，"放置"卡上，对照如图 2.34 所示 axel_end.prt 的 6 个参照，依次在 axel.prt 上选择对应的参照，如图 2.35 所示；"变量"卡上，将键槽剪切深度从 1.25 修改为 3，单击✓，应用 UDF 创建花键轴的结果如图 2.36 所示。

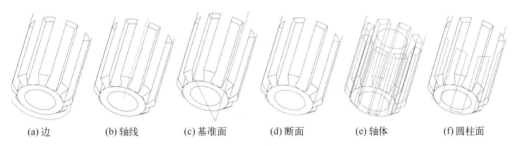

图 2.34　axel_end.prt 中定义的 6 个参照

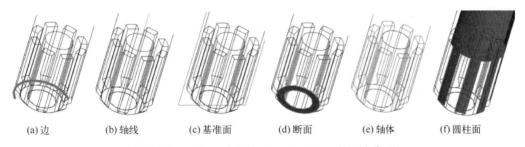

图 2.35　axel.prt 中对应于 axel_end.prt 的 6 个参照

图 2.36　应用 UDF 创建的花键轴 axel.prt

4. 曲轴建模

曲轴通常应用在动力装置中（如发动机），主要用于承受连杆传来的力并将其转变为转矩。曲轴一般由主轴颈、连杆轴颈、曲柄、平衡块、前段和后端等部分组成。一个主轴颈、一个连杆轴颈和一个曲柄组成一个曲拐。

本实例要创建具有两个曲拐的曲轴。如图 2.37 所示其主体造型可以采用拉伸和旋转形成，创建第一个曲拐后，可采用"特征"命令由第一个曲拐生成第二个曲拐。

图 2.37 曲轴模型

步骤一：新建零件 crank_shaft.prt

（1）在"文件"选项卡中单击"新建"，弹出"新建"对话框。

（2）在"类型"选项组中选择"零件"，"子类型"选项组中选择"实体"，"名称"文本框中输入 crank_shaft，默认勾选"使用默认模板"复选框。

（3）单击"确定"按钮，进入零件设计模式。

步骤二：采用拉伸命令创建曲轴主体

（1）单击"模型"选项卡中的"拉伸"。

（2）选择 RIGHT 基准平面作为草绘平面，进入草绘模式。

（3）草绘 φ1.25 的圆，双侧拉伸，长度为 9，如图 2.38 所示。

（4）单击"确定"按钮。

步骤三：采用旋转命令创建曲轴端部

（1）单击"模型"选项卡中的"旋转"。

（2）选择 TOP 基准平面作为草绘平面，进入草绘模式。

（3）单击"参考"，删除已有参考 RIGHT 面，增加轴的右端面为参考。

（4）采用"中心线"绘制一条水平的中心线，即旋转轴。

（5）采用"线链"绘制封闭的旋转剖面，如图 2.39 所示。

（6）接受默认的旋转角度 360°。

（7）单击"确定"按钮，完成旋转。

步骤四：采用拉伸命令创建第一曲拐

（1）单击"模型"选项卡中"平面"，选择 RIGHT 面为偏移参照，如图 2.40 所示输入偏移值 2，单击"确定"按钮。

（2）单击"模型"选项卡中的"拉伸"，选择新建的 DTM1 面作为草绘平面，进入草绘模式。

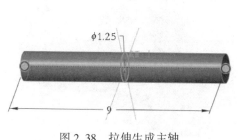

图 2.38 拉伸生成主轴

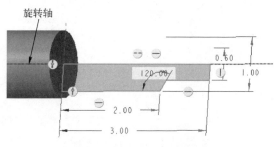

图 2.39 旋转命令的草绘截面

（3）草绘如图 2.41 所示截面，单击"确定"按钮✓，退出草绘器。

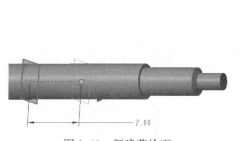

图 2.40 新建草绘面

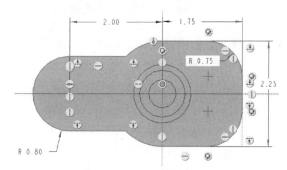

图 2.41 草绘截面

（4）在"拉伸"选项卡中，选择双侧拉伸，厚度为 1.5，单击"确定"✓，拉伸方向及厚度如图 2.42 所示。

（5）单击"模型"选项卡中的"拉伸"，单击"移除材料"，仍以 DTM1 面作为草绘平面，进入草绘模式。

（6）单击"参考"，删除已有所有参考，增加图 2.43 所示的圆柱面为参考。

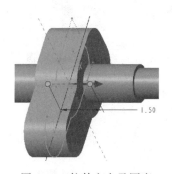

图 2.42 拉伸方向及厚度

图 2.43 增加参考

（7）草绘如图 2.44 所示截面，单击"确定"✓，退出草绘器。

（8）在"拉伸"选项卡中，深度为双侧拉伸，厚度为 0.75，拉伸的两个箭头方向如图 2.45 所示。

（9）单击"确定"✓，完成拉伸操作。

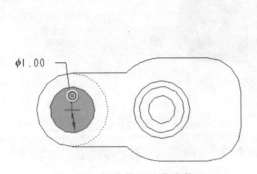

图 2.44 拉伸剪切的草绘截面

图 2.45 拉伸厚度及方向

步骤五：采用特征命令创建第二曲拐

（1）在左侧模型树上，按住 Shift 键，将设计第一曲拐时建立的 DTM1 及两个拉伸选中，单击右键，在弹出的菜单中选择"组" ，将这三项打包成一个组。

（2）单击"模型"选项卡中"旧版" ，打开旧版模式下的菜单管理器。

（3）在菜单管理器中依次选择"特征"→"复制"→"移动、选择、从属"→"完成"→选择刚创建的组→"确定"→"平移"→"曲线/边/轴"→选择如图 2.46 所示的轴，调整平移方向如箭头所示→"确定"→输入偏移距离 4 并 ✓→"旋转"→"曲线/边/轴"→选择如图 2.46 所示的轴→"确定"→输入旋转角度 180°并 ✓→"完成移动"→"完成"→"确定"。其结果如图 2.47 所示。

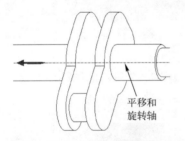

图 2.46 平移及旋转的参照轴与方向

图 2.47 创建第二曲拐

（4）单击"模型"选项卡中"旧版" ，关闭菜单管理器。

5. 外六角螺栓（零件族）建模

外六角螺栓是指头部为六角形的外螺纹紧固件，一般使用扳手转动，常用于机械设备紧固。

本实例要创建如图 2.48 所示的一系列形状相似、大小不同的外六角螺栓。通用外六角螺栓主体造型首先可以采用拉伸、螺旋扫描等命令生成，然后采用关系式控制外六角螺栓中的尺寸，最后由零件族表生成螺栓零件族。

步骤一：新建零件 bolt.prt

（1）在"文件"选项卡中单击"新建" ，弹出"新建"对话框。

（2）在"类型"选项组中选择"零件"，"子类型"选项组中选择"实体"，"名称"文本框中输入 bolt,默认勾选"使用默认模板"复选框。

图 2.48　螺栓零件族

(3) 单击"确定"按钮,进入零件设计模式。

步骤二:采用拉伸命令创建六角螺栓头

(1) 单击"模型"选项卡中的"拉伸"。

(2) 选择 TOP 基准平面作为草绘平面,进入草绘模式。

(3) 单击"选项板",在弹出的"草绘器选项板"中单击"六边形"并将其拖动到绘图区后释放鼠标,单击"草绘器选项板"中的"关闭"按钮,关闭选项板。

(4) 在"导入截面"选项卡中,"缩放因子"中输入 20,鼠标左键单击六边形中心的⊗,按住左键不放,将其拖至图 2.49(a) 所示 FRONT 面和 RIGHT 面交点处,松开鼠标左键,单击"确定"。正六边形绘制结果如图 2.49(b) 所示。

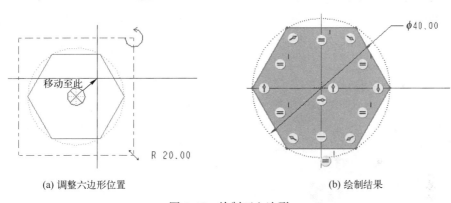

(a) 调整六边形位置　　　　　(b) 绘制结果

图 2.49　绘制正六边形

(5) 单击"草绘"选项卡中的"确定",在"拉伸"选项卡中输入厚度为 16,向上拉伸,如图 2.50 所示。

(6) 单击"确定"。

步骤三:采用拉伸、螺旋扫描命令创建螺杆

(1) 单击"模型"选项卡中的"拉伸",选择螺栓头上表面作为草绘平面,进入草绘模式。

(2) 绘制如图 2.51(a) 所示直径为 $\phi 20$ 的圆截面,单击"确定",向上拉伸 100,单击"确定",拉伸结果如图 2.51(b) 所示。

(3) 单击"模型"选项卡中的"螺旋扫描",在打开的"螺旋扫描"选项卡中单击"移除材料"。然后单击"参考"页下"螺旋轮廓"项的

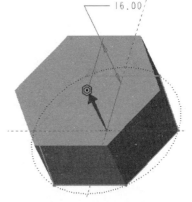

图 2.50　拉伸结果

"定义"按钮,在弹出的"草绘"对话框中选择 FRONT 面为草绘平面,单击"草绘"按钮,进入草绘。

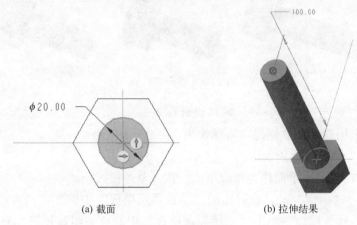

图 2.51　拉伸螺杆

(4) 单击"草绘"选项卡中的"参考"，删除已有的所有参考,添加如图 2.52 (a) 所示的三个参考,绘制旋转中心线和如图 2.52 (b) 所示的螺纹轨迹线,单击"确定"按钮。

(5) 单击"螺旋扫描"选项卡中的"草绘"，绘制如图 2.52 (c) 所示的截面,单击"确定"按钮。

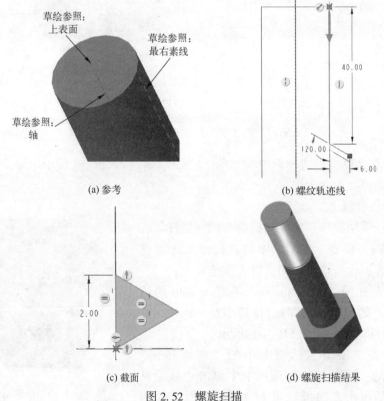

图 2.52　螺旋扫描

(6) 单击"螺旋扫描"选项卡中的"确定"按钮✓，螺旋扫描结果如图 2.52（d）所示。

步骤四：采用旋转命令创建螺纹倒角

(1) 单击"模型"选项卡中的"旋转"，选择 FRONT 面作为草绘平面，进入草绘模式。

(2) 绘制一条旋转轴以及如图 2.53（a）所示截面，单击"确定"✓。

(3) 在"旋转"选项卡中单击"移除材料"，单击"确定"✓，旋转结果如图 2.53（b）所示。

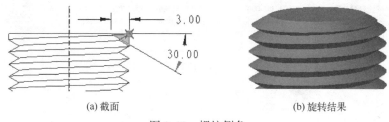

图 2.53 螺纹倒角

步骤五：采用孔命令创建销孔

(1) 单击"模型"选项卡中的"拉伸"，选择 FRONT 面作为草绘平面，进入草绘模式。

(2) 单击"草绘"选项卡中的"参考"，删除已有的 TOP 面参考，添加如图 2.54（a）所示的螺纹上表面为参考，绘制圆，单击"确定"按钮✓。

(3) 在"拉伸"选项卡中单击"移除材料"，单击"选项"，侧 1 深度为"穿透"，单击"确定"✓，旋转结果如图 2.54（b）所示。

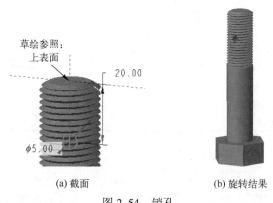

图 2.54 销孔

步骤六：设置参数并加入关系

(1) 单击"工具"选项卡中的"参数"，在弹出的图 2.55"参数"对话框中单击"添加新参数"，如图所示添加参数 DIAMETER，数值 20，参数 LENGTH，数值 120，单击"确定"。

(2) 单击"工具"选项卡中的"关系"，在弹出的"关系"对话框中输入如表 2.1 所示关系式，关系式中的尺寸代号含义如图 2.56 所示。

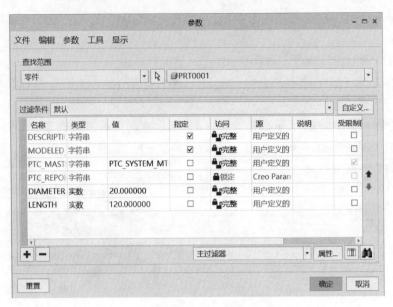

图 2.55 添加参数

表 2.1 关系式表

关 系 式	说 明
d4 = diameter	d4，螺纹大径
d3 = length	d3，螺栓有效长度
d1 = 2 * d4	d1，正六边形外接圆半径
d0 = 0.8 * d4	d0，螺栓头高度
if d3 <= 2.5 * d4	
d6 = d3	d6，螺纹长度
else	
d6 = 2 * d4	
endif	
d12 = 0.3 * d4	d12，螺尾扫描轨迹长度
d7 = 0.1 * d4	d7，螺距
d10 = d7	d10，正三角形牙型边长
d15 = 0.15 * d4	d15，螺纹倒角边距

步骤七：创建外六角螺栓零件族表

（1）单击"工具"选项卡中的"族表"，弹出"族表"对话框。

（2）单击"添加/删除表列"，在弹出的"族项，类属模型"对话框中单击"参数"，在弹出的"选择参数"对话框中选择 DIAMETER，单击"插入选定项"，同样的操作选择 LENGTH 参数。

（3）单击"选择"，单击"特征"，选择如图 2.57（a）所示的两个特征，即销孔和倒角。单击"尺寸"，单击销孔，选择销孔定位尺寸 d25。

（4）表列选择结果如图 2.57（b）所示，单击"确定"按钮。此时的螺栓零件族表有五列，即如图 2.58 所示的两个参数列、两个特征列和一个尺寸列。

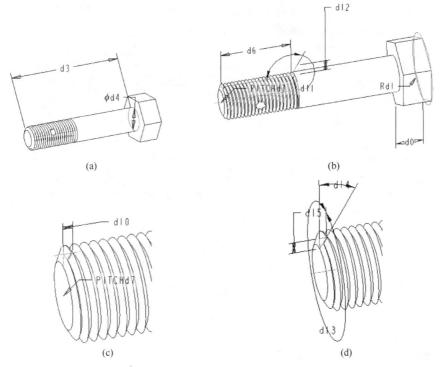

图 2.56 尺寸代号

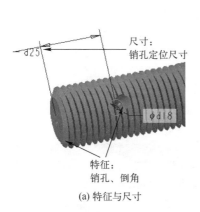

(a) 特征与尺寸　　　　　　　　(b) 选择结果

图 2.57 表列选择

（5）单击"族表"中的"在选定行处插入新的实例"，依次插入实例，构建如图 2.59 所示的螺栓零件族表。

（6）单击"校验族的实例"，在弹出的如图 2.60 所示的"族数"框中单击"校验"，校验通过后单击"关闭"，返回"族表"对话框，单击"确定"。

步骤八：使用外六角螺栓零件族表

（1）单击快速工具栏上的"打开"，选择 bolt.prt 文件。

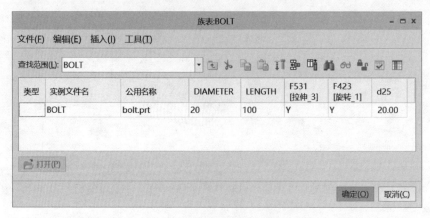

图 2.58 螺栓族表列

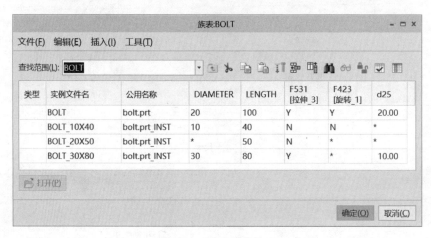

图 2.59 螺栓零件族表

（2）在弹出的如图 2.61 所示"选择实例"对话框中，选择相应的实例，单击"打开"，即可打开对应的螺栓零件模型。

图 2.60 校验族表

图 2.61 选择实例

2.3.2 盘类零件设计

盘类零件是机器中常见的典型零件之一，通常起传动、连接、支撑、定位和密封等作用，常见的盘类零件有手轮、皮带轮、齿轮、法兰盘、各种端盖等。盘类零件结构特点是径向尺寸大于轴向尺寸，一般为扁平圆盘状，也有主体形状为矩形的。其常见结构有凸台、凹坑、孔、铸造圆角、倒角、键槽、肋板、轮辐等。

下面通过实例介绍盘类零件的建模方法及过程。

1. 汽车通风盘建模

通风盘是盘式制动器中制动盘的一种。盘式制动器的制动盘分为实心型和风冷型，风冷型制动盘即通风盘。汽车在行驶过程中产生的离心力能使空气对流，此时空气通过通风盘上的通风结构从而达到散热的目的。

本实例要创建的汽车通风盘如图 2.62 所示，其主体造型可以采用拉伸和旋转形成，采用阵列和阵列表创建通风盘上的规则小孔和肋条，通过镜像命令复制后得到完整的通风盘。

步骤一：新建零件 ventilated_disc.prt

（1）在"文件"选项卡中单击"新建" ，弹出"新建"对话框。

（2）在"类型"选项组中选择"零件"，"子类型"选项组中选择"实体"，"名称"文本框中输入 ventilated_disc，默认勾选"使用默认模板"复选框。

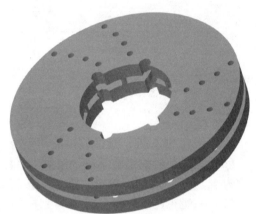

图 2.62　汽车通风盘

（3）单击"确定"按钮，进入零件设计模式。

步骤二：采用拉伸命令创建通风盘主体

（1）单击"模型"选项卡中的"拉伸"。

（2）选择 TOP 基准平面作为草绘平面，进入草绘模式。

（3）草绘 φ7.5 和 φ3 的两个圆，拉伸厚度为 0.5，如图 2.63 所示。

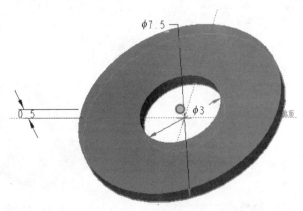

图 2.63　创建通风盘主体

（4）单击"确定" ✓。

步骤三：采用拉伸、阵列命令创建通风盘上剪切槽

（1）单击"模型"选项卡中的"拉伸" ，单击"移除材料" ，选择圆盘上表面作为草绘平面，进入草绘模式。

（2）单击"参考" ，删除已有参考，增加孔轴线和孔面为新参考，绘制一根水平的对称中心线，草绘如图 2.64 所示的截面，单击"确定"按钮✓，退出草绘器。

（3）深度为"穿透" ，单击"确定"按钮✓。

（4）单击"模型"选项卡中的"倒角" ，在"尺寸标注"中 D 的文本框中输入 0.125，如图 2.65 所示，单击"确定"按钮✓。

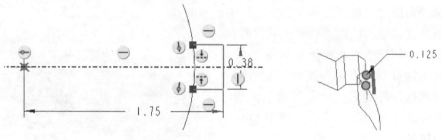

图 2.64　剪切槽草绘　　　　　　　　　图 2.65　剪切槽倒角

（5）按住 Shift 键，选择剪切槽和倒角，右键单击选择"组" ，将其打包成组。

（6）选择新建的组，单击"阵列" ，阵列类型选"轴" ，选择圆盘轴线，阵列数为 4，角度为 90°，单击"确定"按钮✓，阵列结果如图 2.66 所示。

（7）右键单击选择模型树中刚完成的阵列，在弹出的菜单中单击"重定义" ，进入"阵列"选项卡。选择"阵列"选项卡下"类型"中的"表" ，在弹出的图 2.67"确认"对话框中单击"是"。单击"启用的表"右侧的"编辑" ，修改阵列表中的数据如图 2.68 所示，单击"确定"按钮✓，修改阵列表后的阵列结果如图 2.69 所示。

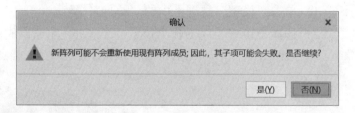

图 2.66　轴阵列　　　　　　　　　　　图 2.67　确认对话框

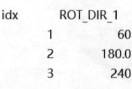

图 2.68　阵列表　　　　　　　　　　　图 2.69　阵列结果

步骤四：采用孔、阵列命令创建通风盘上径向孔

（1）单击"模型"选项卡中的"孔"，"类型"选择"径向"，放置于圆盘上表面，偏移参考按住 Ctrl 键选择圆盘轴线和 FRONT 面，如图 2.70 所示，径向半径 R2，与 FRONT 面夹角为 20°，小孔径 φ0.2，深度选择"穿透"，单击"确定"。

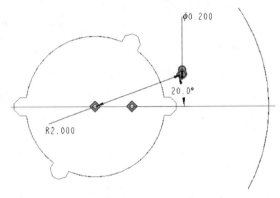

图 2.70 径向孔尺寸

（2）在左侧模型树中选择新建的径向孔，单击"模型"选项卡中的"阵列"。阵列方式选择"尺寸阵列"。

（3）第一方向，先选择如图 2.71（a）所示的角度尺寸 20°，角度增量为 5°，然后按住 Ctrl 键选择径向半径尺寸 R2，半径增量 0.5。第一方向阵列个数为 4。

（4）第二方向，选择如图 2.71（b）所示的角度尺寸 20°，角度增量为 30°，第二方向阵列个数为 12。单击"确定"。

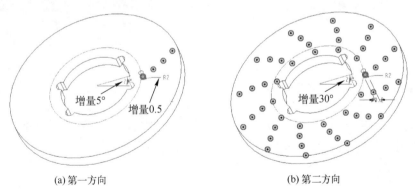

(a) 第一方向　　　　　　　　　　(b) 第二方向

图 2.71 径向孔阵列的两个方向

（5）在左侧模型树中选中径向孔阵列，单击"编辑定义"，重新打开"阵列"选项卡。

（6）在"类型"中选择"表"，在弹出的"确认"对话框中选择"是"。在"启用的表"右侧单击"编辑启用的表"，编辑阵列表中数据如图 2.72（a）所示。单击"确定"，修改阵列表后的阵列结果如图 2.72（b）所示。

步骤五：采用拉伸、阵列命令创建通风盘上肋条

（1）单击"模型"选项卡中的"拉伸"，选择圆盘上表面作为草绘平面，在

"草绘"选项卡中单击"草绘设置"![icon]，草绘方向设置为 RIGHT 面朝上，进入草绘模式。

! idx	d42(20.0)	d41(2.000)	20	170.0	*
1	25.0	2.500	21	175.0	2.500
2	30.0	3.000	22	180.0	3.000
3	35.0	3.500	23	185.0	3.500
4	50.0	*	32	260.0	
5	55.0	2.500	33	265.0	2.500
6	60.0	3.000	34	270.0	3.000
7	65.0	3.500	35	275.0	3.500
16	140.0	*	36	290.0	*
17	145.0	2.500	37	295.0	2.500
18	150.0	3.000	38	300.0	3.000
19	155.0	3.500	39	305.0	3.500

(a) 阵列表 (b) 阵列结果

图 2.72　采用阵列表修改径向孔阵列

（2）单击"参考"，确定 RIGHT 面、孔曲面和圆盘外侧面为新参考，绘制如图 2.73 所示的截面，单击"确定"，退出草绘器。

（3）选择"单侧向上拉伸"，厚度 0.125，单击，肋条拉伸结果如图 2.74 所示。

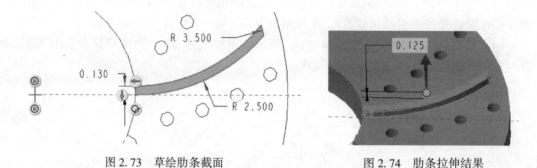

图 2.73　草绘肋条截面　　　　　　图 2.74　肋条拉伸结果

（4）单击"倒圆角"，按住 Ctrl 键选中图 2.75 中肋条右端两条边线，单击"集"选项卡中的"完全倒圆角"，结果如图 2.76 所示。

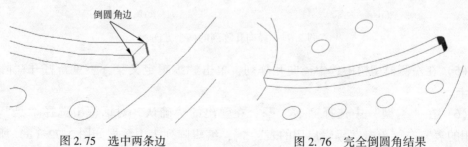

图 2.75　选中两条边　　　　　　图 2.76　完全倒圆角结果

（5）单击"倒圆角"，选择图 2.77 中肋条边线，圆角值为 0.05，结果如图 2.78 所示。

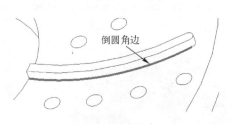
图 2.77 选中肋条边

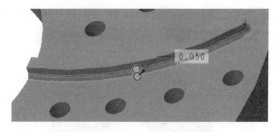
图 2.78 倒圆角结果

（6）在左侧模型树中选中肋条拉伸和两个倒圆角特征，采用右键"组" 打包成组。

（7）选中组，单击"阵列"，类型为"轴"，绕圆盘中心轴，阵列角度 30°，阵列个数 12 个，单击，肋条阵列结果如图 2.79 所示。

步骤六：采用镜像命令创建完整通风盘。

（1）按住 Shift 键，选择模型树中创建的所有特征。

（2）在"模型"选项卡中单击"镜像"，单击肋条上表面为镜像面，镜像结果如图 2.80 所示。

图 2.79 肋条阵列结果

图 2.80 镜像结果

2. 法兰盘建模

法兰盘简称为法兰，在机械上应用广泛，通常用于管道端的连接且成对使用，主要通过法兰盘周围孔由螺栓进行连接和封闭。法兰盘的基本结构为类似盘状的金属体，周边开有若干个固定连接用的孔。

本实例要创建的法兰盘如图 2.81 所示。其主体造型可以采用拉伸和旋转形成，采用阵列创建法兰盘上的规则小孔。加入关系输入框后的法兰盘模型可以随着孔径尺寸的变化自动更改其他特征尺寸，从而生成系列法兰零件，更好地符合设计意图。

步骤一：新建零件 flange.prt

（1）在"文件"选项卡中单击"新建"，弹出"新建"对话框。

（2）在"类型"选项组中选择"零件"，"子类型"选项组中选择"实体"，"名称"文本框中输入 flange，默认勾选"使用默认模板"复选框。

（3）单击"确定"按钮，进入零件设计模式。

步骤二：采用旋转、拉伸命令创建法兰盘主体

（1）单击"模型"选项卡中的"旋转"，选择 FRONT 基准平面作为草绘平面，

绘制如图 2.82（a）所示截面，单击"确定"按钮✓。接受默认的旋转角度 360°，单击"确定"按钮✓，完成旋转，如图 2.82（b）所示。

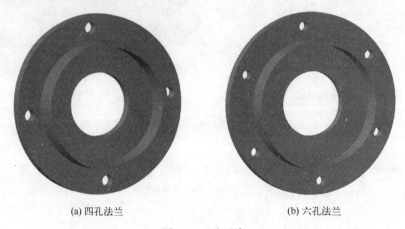

(a) 四孔法兰　　　　　　　　　(b) 六孔法兰

图 2.81　法兰盘

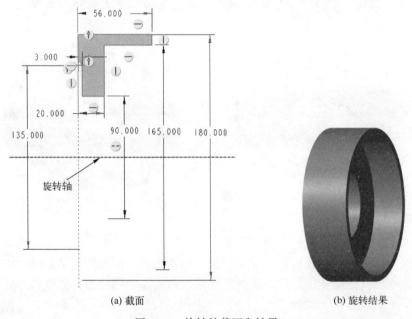

(a) 截面　　　　　　　　　(b) 旋转结果

图 2.82　旋转的截面和结果

（2）单击"拉伸"，选择 RIGHT 面作为草绘平面，在"草绘"选项卡中单击"参考"，删除已有参考，选择如图 2.83（a）所示外圆周面和法兰盘轴线为新参考。

（3）绘制如图 2.83（b）所示截面，单击"确定"按钮✓，拉伸深度为 18，方向朝右，结果如图 2.83（c）所示。

步骤三：采用孔、阵列命令创建法兰盘上螺栓孔

（1）单击"孔"，在"放置"选项卡的"类型"中选择"径向"，在"放置"项中选中如图 2.84（a）所示盘面，在"偏移参考"项中，按住 Ctrl 键同时选择法兰盘轴线和 FRONT 面，距离轴线 110，和 FRONT 面夹角为 45°，孔直径为 ϕ16，深

度为"穿透"，单击"确定"按钮，螺栓孔结果如图2.84（b）所示。

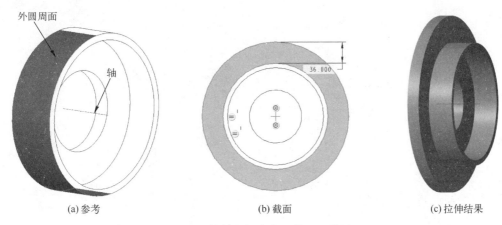

(a) 参考　　　　　　　　(b) 截面　　　　　　　　(c) 拉伸结果

图2.83　拉伸的新参考、截面和结果

（2）选中创建的螺栓孔，单击"阵列"，选择"尺寸"，选择角度45°，阵列数为4，阵列增量为90°，单击"确定"按钮，阵列结果如图2.84（c）所示。

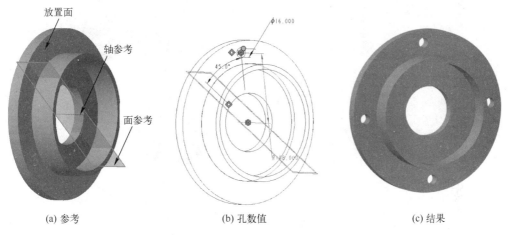

(a) 参考　　　　　　　　(b) 孔数值　　　　　　　　(c) 结果

图2.84　孔阵列的参考、数值及结果

步骤四：利用关系控制法兰盘上各尺寸

（1）单击"工具"选项卡中的"关系"，弹出关系输入框，单击模型中的相关特征，可以显示相应尺寸代号。单击关系框中的"在尺寸值和名称间切换"，如图2.85所示可以切换显示尺寸值或尺寸代号。

（2）查看尺寸，并在关系输入框中输入如表2.2所列的关系，不同的截面绘制方式可能导致尺寸代号改变。阵列的源孔为导引孔。查看孔阵列尺寸代号时，不能单击如图2.86所示的阵列导引孔，要单击阵列非导引孔，否则图2.85中d16(90°)的阵列增量尺寸无法显示。单击"确定"。

（3）右键单击模型树中的"旋转1"，在弹出的选择项中单击"编辑尺寸"，将 $\phi180$ 修改为 $\phi220$，单击快捷栏中的"重新生成"，修改尺寸后结果如图2.87所示。

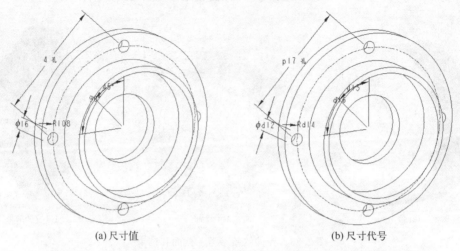

(a) 尺寸值　　　　　　　　　　　　(b) 尺寸代号

图 2.85　切换尺寸值与尺寸代号

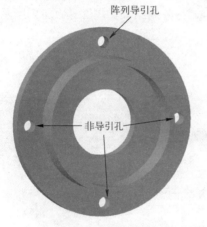

图 2.86　阵列孔类型

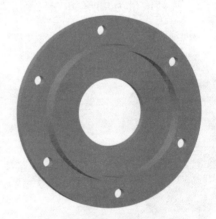

图 2.87　修改尺寸后结果

表 2.2　法兰盘关系

关　系　式	参　数　说　明	解　释
d10 = d2/5 d6 = d2/2 d1 = d2−15		指定法兰盘中间固定段的外圆周直径尺寸 d2 为主尺寸。 定义壁厚相关尺寸 d1、中心孔尺寸 d6 与 d2 的关系。保证当 d2 变化时，中间固定段的整体结构不扭曲

关 系 式	参 数 说 明	解 释
if d2>200 d14=(d2+d10)/2 p17=6 d16=360/p17		当 d2 大于 200 时，定义安装孔定位圆半径 d14 的值，使其位于法兰盘裙边中间，安装孔变成 6 个
else d14=(d2+d10)/2 p17=4 d16=360/p17		当 d2 小于等于 200 时，定义安装孔定位圆半径 d14 的值，使其位于法兰盘裙边中间，安装孔变成 4 个
endif		结束条件

3. 齿轮建模

齿轮是通过轮缘上齿的连续啮合传递运动、动力或者改变转速、旋转方向的机械元件，是机械传动中重要的组成部分。齿轮传动具有效率高、结构紧凑、工作可靠、传动比稳定等特点。齿轮种类繁多，一般按照轮齿曲线相对于齿轮轴心线方向可分为直齿齿轮、斜齿齿轮、人字齿齿轮和曲线齿齿轮等。齿轮的主要组成结构有轮齿、齿槽、齿厚、齿宽、端面、齿根圆等。

本实例要创建的直齿齿轮如图 2.88 所示。其主体造型已由文件 gear_start.prt 给出，先通过曲面变截面扫描与关系的配合，切割单个轮齿，再由阵列得到多个轮齿。

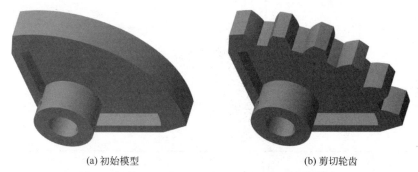

(a) 初始模型　　　　　　　(b) 剪切轮齿

图 2.88　齿轮初始模型与剪切轮齿结果

步骤一：打开零件 gear_start.prt

单击"打开"，在随书文件中的"第一章"下"盘类"中找到 gear_start.prt，打开。

步骤二：采用变截面扫描命令创建一个单侧齿面

（1）单击"模型"选项卡中的"平面"，穿过轴且与 TOP 面偏移夹角 20°，创建 DTM1 面，如图 2.89 所示。

（2）单击"模型"选项卡中的"草绘"，以齿轮前端面为草绘面，DTM1 定向为"上"，增加轴线为参考，绘制如图 2.90 所示的圆弧。

（3）单击"模型"选项卡"形状"中的"扫描"按钮，选择"曲面"和

"可变截面" ，单击 "草绘" ，增加后端面和轴线为参考，绘制如图 2.91（a）所示的一条线段，其中的尺寸 68 即为表 2.3 所列关系中的 sd4。

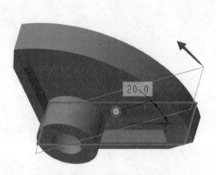

图 2.89　创建 DTM1

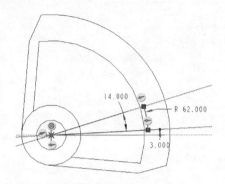

图 2.90　草绘基准曲线

（4）不要退出草绘器，单击 "工具" 选项卡中的 "关系" ，输入如表 2.3 所列关系。单击 "确定"，单击 ，变截面扫描曲面如图 2.91（b）所示。

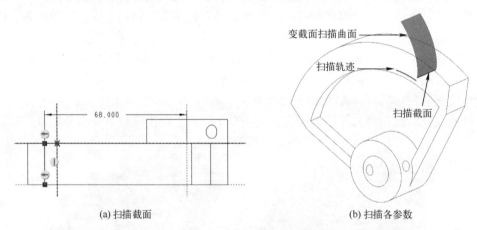

(a) 扫描截面　　　　　　　　　(b) 扫描各参数

图 2.91　变截面扫描

表 2.3　齿轮关系

关 系 式	解　释
rbase = 64 todeg = 180/pi unwind = 0	定义渐开线基圆半径为 rbase，值为 64。 todeg 为弧度换算成角度，Creo 中采用角度计算。 unwind 为齿轮压力角，计算中采用弧度运算
solve unwind * todeg-atan(unwind) = trajpar * 14 for unwind	求出当展角（trajpar * 14）在 14° 范围内变化时，unwind 的弧度变化值
sd4 = rbase * (1+unwind^2)^0.5	极坐标下渐开线方程，以压力角 unwind 为参数，求解 sd4 值

步骤三：采用拉伸、面组切割命令创建一个轮齿

（1）选中变截面扫描曲面，单击 "镜像" ，对于 DTM1 面做镜像，镜像结果如图 2.92 所示。

（2）单击 "拉伸" ，选择 "曲面" ，以齿轮前端面为草绘平面，单击 "参

考"🔲",删除已有参考,选择齿轮中心轴线和两个变截面扫描面组为新参考,绘制如图 2.93 所示截面,单击"确定"按钮✓,拉伸深度到齿轮后端面,单击✓,面组拉伸结果如图 2.94 所示。

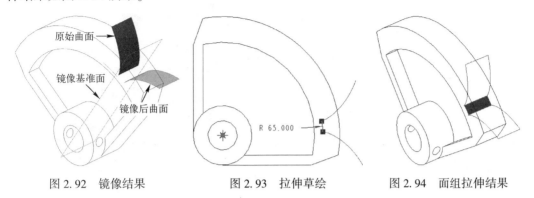

图 2.92　镜像结果　　　　图 2.93　拉伸草绘　　　　图 2.94　面组拉伸结果

(3) 按住 Ctrl 键选择变截面扫描面组和拉伸面组,单击"合并"🔲,切换材料侧到需要保留的面组侧均有网格,单击✓,结果如图 2.95(a)所示。按住 Ctrl 键选择合并面组和镜像面组,三个面组合并结果如图 2.95(b)所示。

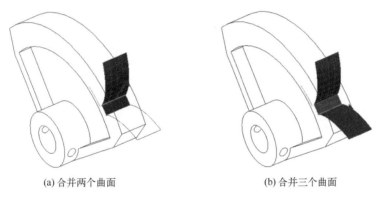

(a) 合并两个曲面　　　　　　　(b) 合并三个曲面

图 2.95　面组合并结果

(4) 选中合并面组,单击"模型"选项卡中"编辑"组上的"实体化"🔲,选择"移除材料"🔲,移除面组内侧材料,单击✓,剪切结果如图 2.96 所示。

步骤四:采用组、阵列命令创建多个轮齿

(1) 将 DTM1 的偏移角度从 20°修改为 5°。

(2) 在模型树中选择从"DTM1"到"实体化"间所有选项,打包成组,并对组进行阵列。选中组,单击"阵列"🔲,方式为"轴"🔲,选择齿轮轴,阵列增量为 20°,阵列数量为 5。轮齿阵列结果如图 2.97 所示。

4. 渐开线直齿圆柱齿轮建模

渐开线齿轮,即齿廓为渐开线的一类齿轮的统称。渐开线圆柱齿轮的端面齿廓为圆的渐开线,直齿圆柱齿轮的齿向与轴线平行。渐开线齿轮可利用变位的方法避免根切,改善啮合指标和提高轮齿强度。

当一条直线沿着一个圆的圆周做纯滚动时,直线上任意一点的轨迹就是该圆的渐开线，这个圆称为渐开线的基圆，其半径用 r_b 表示。

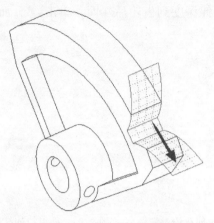

图 2.96　面组实体化剪切

图 2.97　轮齿阵列结果

根据机械原理的表述，渐开线直角坐标系参数方程为

$$\begin{cases} x = r_b\sin\theta - r_b\theta\cos\theta \\ y = r_b\cos\theta + r_b\theta\sin\theta \end{cases} \quad (2.1)$$

式中：r_b 为基圆半径；θ 为渐开线展角（rad）。

直齿圆柱齿轮中与本次建模相关的几何要素如表 2.4 所列。

表 2.4　直齿圆柱齿轮几何要素

名　称	符　号
齿顶圆直径	d_a
齿根圆直径	d_r
分度圆直径	d
基圆直径	d_b
齿数	z
模数	m
压力角	α（我国规定分度圆压力角的标准值为20°）

计算齿轮各几何要素的公式如表 2.5 所列。

表 2.5　直齿圆柱齿轮主要计算公式

名　称	计算公式
分度圆直径	$d = mz$
齿顶圆直径	$d_a = m(z+2)$
齿根圆直径	$d_r = m(z-2.5)$
基圆直径	$d_b = mz\cos\alpha$

本实例要创建渐开线直齿圆柱齿轮如图 2.98 所示，该齿轮模数 $m = 2.5$、齿数 $z = 125$、压力角 $\alpha = 20°$、齿宽为 80。在此次建模中，将重点掌握设置尺寸关系、由渐开线

方程创建曲线等命令。

步骤一：新建零件 straight_spur_gear.prt

（1）在"文件"选项卡中单击"新建"，弹出"新建"对话框。

（2）在"类型"选项组中选择"零件"，"子类型"选项组中选择"实体"，"名称"文本框中输入 straight_spur_gear，默认勾选"使用默认模板"复选框。

（3）单击"确定"按钮，进入零件设计模式。

步骤二：设置尺寸参数

（1）单击"工具"选项卡中的"参数"，进入参数对话框。

（2）单击"添加新参数"，如图 2.99 所示增加 $m = 2.5$、$z = 125$、WIDTH = 80 和 PA = 20 四个参数，其中 m 为模数，z 为齿数，WIDTH 为齿宽，PA 为压力角。单击"确定"。

图 2.98 渐开线直齿圆柱齿轮

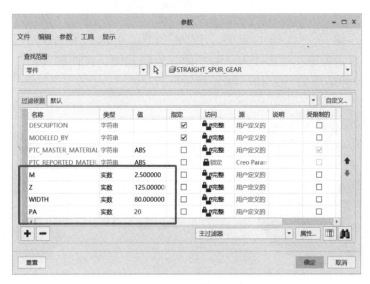

图 2.99 添加 4 个新参数

步骤三：采用旋转等命令创建齿轮主体

（1）单击"模型"选项卡中的"旋转"，选择 FRONT 面作为草绘平面，绘制如图 2.101（a）所示截面，注意绘制的第一根中心线为旋转轴，本例中旋转轴为水平轴线。

（2）单击"工具"选项卡中的"关系"，在弹出的对话框中输入关系式，如图 2.100，尺寸与变量间的对应关系如图 2.101（b）所示。单击✓。

（3）旋转角度为默认 360°，单击✓。旋转结果如图 2.101（c）所示。

sd13=width	齿宽
sd21=0.25*width	
sd20=m*z+2*m	齿顶圆直径

图 2.100 关系式

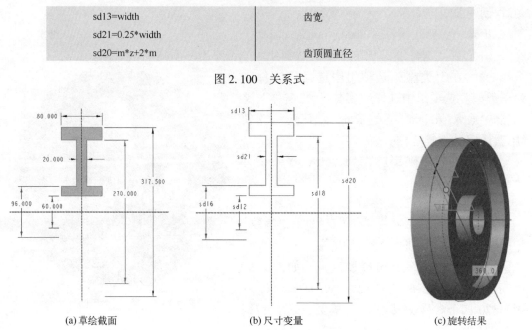

(a) 草绘截面　　　　　　(b) 尺寸变量　　　　　　(c) 旋转结果

图 2.101 旋转得到齿轮主体

(4) 单击"模型"选项卡中的"拉伸"，单击"移除材料"，选择如图 2.102 (a) 所示齿轮左端面作为草绘平面，绘制截面，拉伸深度为"穿透"，方向右向，剪切拉伸结果如图 2.102 (b) 所示。

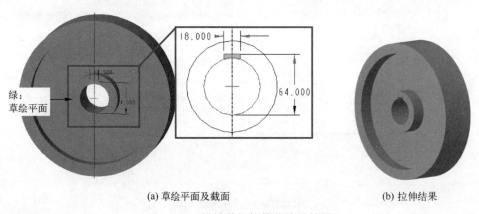

(a) 草绘平面及截面　　　　　　(b) 拉伸结果

图 2.102 键槽剪切拉伸草绘及结果

(5) 单击"模型"选项卡中的"拉伸"，单击"移除材料"，选择如图 2.103 (a) 所示腹板左端面作为草绘平面，绘制图 2.103 (b) 所示截面，拉伸深度为"穿透"，方向右向，剪切拉伸结果如图 2.103 (c) 所示。

步骤四：创建基圆、渐开线曲线和辅助点等

(1) 单击"模型"选项卡中的"草绘"，选择 RIGHT 面作为草绘平面，绘制 4 个圆。

(2) 单击"工具"选项卡中的"关系"，在对话框中输入关系式，如图 2.104

所示，与尺寸变量的对应关系如图 2.105 所示的。

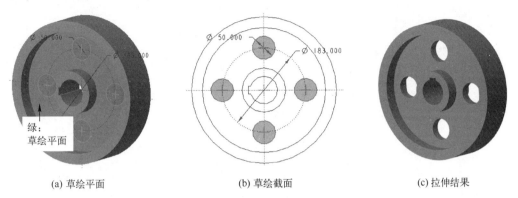

(a) 草绘平面　　　　　　　　(b) 草绘截面　　　　　　　　(c) 拉伸结果

图 2.103　腹板均布孔剪切拉伸草绘及结果

图 2.104　关系式

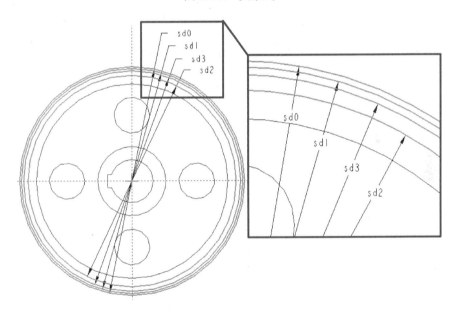

图 2.105　草绘齿轮圆的尺寸代码及分布

（3）单击 ✓，草绘 4 个圆的结果如图 2.106 所示。

（4）单击"模型"选项卡下"基准"组中的"曲线" ∿，并选择"来自方程的曲线"项。在弹出的"曲线：从方程"选项卡中，"坐标系"选"笛卡儿"，然后在模型中单击系统坐标系。单击"方程"下的"编辑" ✎，在弹出的方程对话框中输入以下函数方程（图 2.107），单击"确定"。

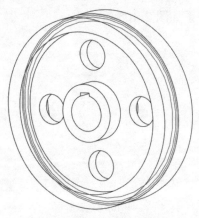

图 2.106　草绘圆结果

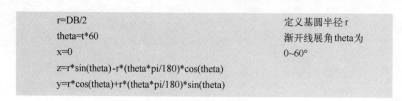

图 2.107　函数方程

(5) 单击 ✓，创建的渐开线如图 2.108 所示。

(6) 单击"点" ✕✕，按住 Ctrl 键，选择渐开线曲线和分度圆（图 2.105 中的 sd1），单击"确定"，创建基准点 PNT0 如图 2.109 所示。

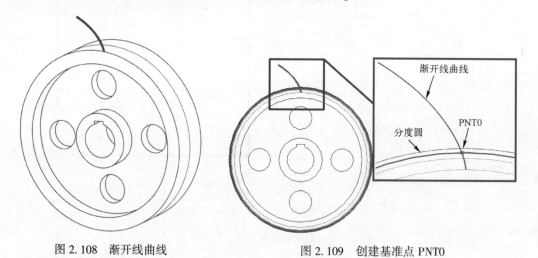

图 2.108　渐开线曲线　　　　　　　图 2.109　创建基准点 PNT0

(7) 单击"平面" ▱，按住 Ctrl 键，选择基体轴线和基准点 PNT0，单击"确定"，创建基准平面 DTM1 如图 2.110 所示。

(8) 单击"平面" ▱，按住 Ctrl 键，选择基体轴线和基准面 DTM1，在基准平面"放置"页下"旋转"框中输入"-360/(4*z)"，在"属性"页将平面名称修改为"MIRROR"，单击"确定"，创建镜像平面 MIRROR 如图 2.111 所示。

(9) 选择渐开线曲线,单击"镜像" ,镜像平面为 MIRROR 面,镜像结果如图 2.112 所示。

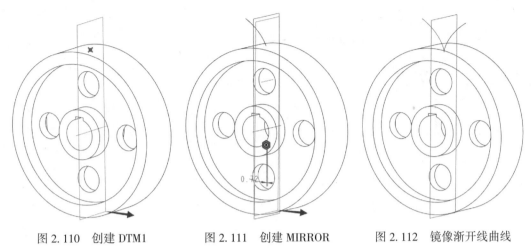

图 2.110　创建 DTM1　　图 2.111　创建 MIRROR　　图 2.112　镜像渐开线曲线

(10) 单击"倒角" ,倒角尺寸为 2,选择如图 2.113 (a) 所示的 4 条边链,倒角结果如图 2.113 (b) 所示。

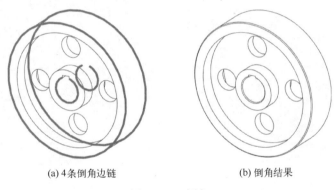

(a) 4 条倒角边链　　(b) 倒角结果

图 2.113　倒角

步骤五:创建齿槽

(1) 单击"模型"选项卡中的"拉伸" ,单击"移除材料" ,选择 RIGHT 面作为草绘平面,采用"投影" 将 2 条渐开线曲线作为图形的一部分,注意选择齿根圆作为齿槽底,其他尺寸如图 2.114 所示。双侧拉伸深度均为"穿透" ,单齿槽剪切拉伸结果如图 2.115 所示。

(2) 在模型树中单击齿槽,单击"阵列" ,"选择类型"为"轴" ,选择齿轮的中心轴,阵列成员数为 125,在"成员间的角度"框中填"360/z",当系统弹出"是否要添加 360/z 作为特征关系"提示栏时,单击"是"按钮。齿槽阵列结果如图 2.116 所示。

步骤六:创建拔模特征和倒角

(1) 单击"模型"选项卡中的"拔模" ,"拔模曲面""拔模枢轴"和"拖拉方向"分别选择如图 2.117 所示的面,在"角度"框中输入"atan(1/15)",当系统弹出"是否要添加 atan(1/15)作为特征关系"提示栏时,单击"是"按钮。对前凹面拔模结果如图 2.118 所示。

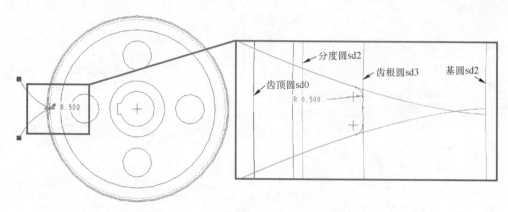

图 2.114 单齿槽剪切拉伸草绘截面

图 2.115 单齿槽剪切拉伸结果

图 2.116 齿槽阵列结果

图 2.117 拔模中各曲面选择结果

图 2.118 前凹面拔模结果

(2) 用同样的方法对后凹面的相应曲面进行拔模。

(3) 单击"倒角" ，倒角尺寸为 1.5，选择如图 2.119 所示前后面共 6 条边链，倒角结果如图 2.120 所示。

图 2.119　倒角 6 条边　　　　　　　　图 2.120　倒角结果

2.3.3　叉架类零件设计

叉架类零件在机器或设备中主要起操纵、连接或支承作用，常见的叉架类零件有拨叉、支架、连杆、支座、摇臂等。叉架类零件多数形状不规则，结构复杂，差别较大。一般由支承部分、工作部分、连接部分组成，工作部分和支承部分细节结构较多，多见圆孔、螺孔、油槽、拔模、圆角、凸台和凹坑等，连接部分多为肋板和加强筋结构，形状弯曲扭斜。

下面通过实例介绍叉架类零件的建模方法及过程。

1. 轴承座建模

轴承座是机械设备中的重要零部件，用于支撑轴承的支座，可以固定轴承外圈且仅允许内圈转动。轴承座的主要功能是支撑机械旋转体、为轴承提供润滑的通道、密封、方便维护等。轴承座常见结构有底板、支撑板、孔、凸台、凹坑、加强筋等。

本实例要创建的轴承座如图 2.121 所示。其主体造型可以采用拉伸和旋转形成，加强筋采用"轮廓筋"命令生成。

步骤一：新建零件 bearing_bracket.prt

在"文件"选项卡中单击"新建" ，弹出"新建"对话框，输入 bearing_bracket，默认勾选"使用默认模板"复选框，单击"确定"按钮。

步骤二：采用拉伸命令创建轴承座主体

(1) 单击"模型"选项卡中的"拉伸" ，选择 TOP 基准平面作为草绘平面，绘

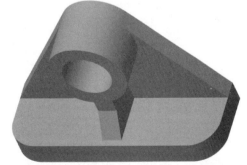

图 2.121　轴承座

制如图 2.122（a）所示截面，拉伸深度 12，方向向上，底板拉伸方向及厚度结果如图 2.122（b）所示。

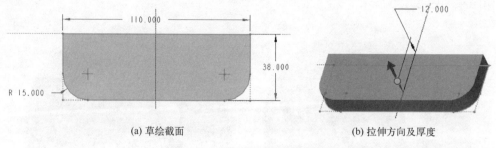

(a) 草绘截面　　　　　　　　　(b) 拉伸方向及厚度

图 2.122　底板拉伸草绘及结果

（2）单击"模型"选项卡中的"拉伸"，选择 FRONT 面作为草绘平面，绘制如图 2.123（a）所示截面，拉伸深度 30，方向向前，圆柱孔拉伸方向及厚度结果如图 2.123（b）所示。

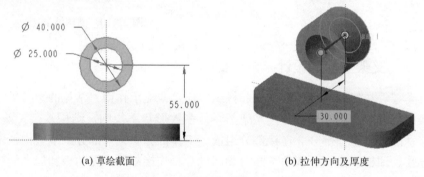

(a) 草绘截面　　　　　　　　　(b) 拉伸方向及厚度

图 2.123　圆柱孔拉伸草绘及结果

（3）单击"模型"选项卡中的"拉伸"，选择 FRONT 面作为草绘平面，如图 2.124（a）所示增加外圆柱面、底板上两个点为参考，绘制如图 2.124（b）所示截面，拉伸深度 9，方向向前，圆柱孔拉伸方向及厚度结果如图 2.124（c）所示。

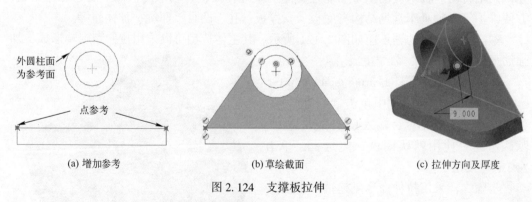

(a) 增加参考　　　　　　(b) 草绘截面　　　　　　(c) 拉伸方向及厚度

图 2.124　支撑板拉伸

步骤三：采用轮廓筋命令创建轴承座加强筋

（1）单击"模型"选项卡中"工程"组下的"轮廓筋"。

(2) 选择 RIGHT 面作为草绘平面，进入草绘模式。

(3) 单击"参考"，删除已有所有的参考，增加如图 2.125（a）所示圆柱面最低素线、支撑板前表面和底板上表面为参考。

(4) 绘制如图 2.125（b）所示的截面。

(5) 宽度为 10，方向朝内。

(6) 单击"确定"按钮，完成加强筋如图 2.125（c）所示。

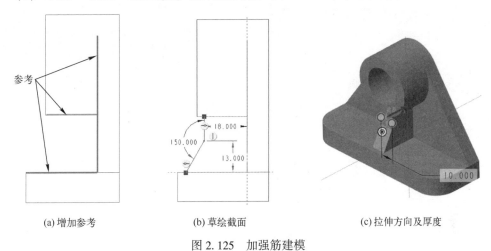

(a) 增加参考　　　　(b) 草绘截面　　　　(c) 拉伸方向及厚度

图 2.125　加强筋建模

2. 六角扳手建模

扳手是一种生活与工作中常用的安装与拆卸工具，是利用杠杆原理拧转螺栓、螺钉、螺母和其他螺纹紧固件的开口或套孔固件的手工工具。其常见结构为一端或两端固定尺寸的开口、支撑连接柄、凹槽等。

本实例要创建的弯头六角扳手如图 2.126 所示。其主体造型可以采用拉伸形成，采用"骨架折弯"命令生成弯头。

图 2.126　弯头六角扳手

步骤一：新建零件 wrench.prt

在"文件"选项卡中单击"新建"，弹出"新建"对话框，输入 wrench，默认勾选"使用默认模板"复选框，单击"确定"按钮。

步骤二：采用拉伸命令创建扳手主体

(1) 单击"模型"选项卡中的"拉伸"，选择 TOP 基准平面作为草绘平面，绘制如图 2.127（a）所示截面，拉伸深度 4，方向向上，拉伸结果如图 2.127（b）所示。

(2) 单击"模型"选项卡中的"拉伸"，"移除材料"，选择拉伸上表面作为草绘平面，增加如图2.128（a）所示的圆周面为参考。单击"草绘"组中的"选项板"，从中找到正六边形，拖动到扳手左侧圆心位置，缩放为6，再拖一个放到扳手右侧圆心位置，缩放为5，单击，拉伸深度为"穿透"，扳手两端剪切结果如图2.128（b）所示。

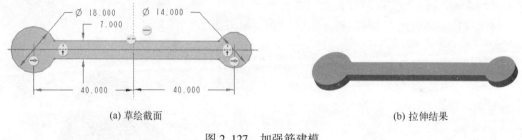

(a) 草绘截面　　　　　　　　　　　　(b) 拉伸结果

图 2.127　加强筋建模

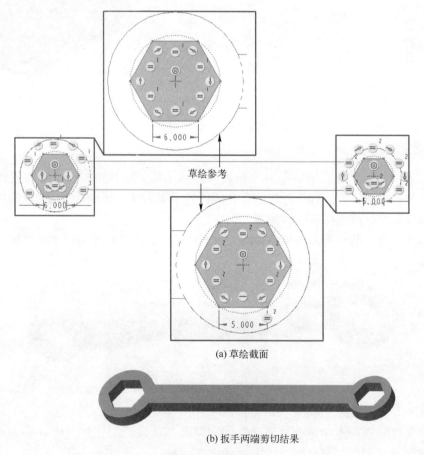

(a) 草绘截面

(b) 扳手两端剪切结果

图 2.128　扳手开口

步骤三：为扳手倒圆角并赋予外观

（1）单击"模型"选项卡中的"倒圆角"，圆角半径为0.5，给扳手所有的边倒圆角。

（2）单击"视图"选项卡中的"外观"，选择外观"ptc_std_steel"，在右下角的特征过滤选择器中选择"零件",单击扳手,单击"确定"。扳手倒圆角及赋予外观结果如图 2.129 所示。

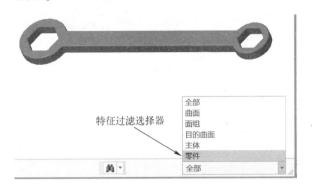

图 2.129　扳手倒圆角及赋予外观

步骤四:折弯扳手

(1)单击"平面" ▱,按住 Ctrl 键选择 RIGHT 面和右侧圆柱面,新建 DTM1 面与 RIGHT 面平行并和右侧圆柱面相切,结果如图 2.130 所示。

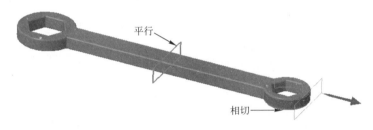

图 2.130　创建 DTM1 面

(2)单击"模型"选项卡下"工程"组中的"骨架折弯" ,进入骨架折弯选项卡。

(3)单击右上角的"草绘" ,以 FRONT 面为草绘面,绘制如图 2.131 所示的骨架线。

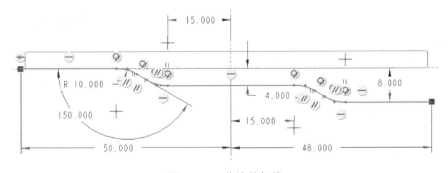

图 2.131　草绘骨架线

(4)在"折弯几何"中选择扳手体,"锁定长度"选择"至选定的参考" ,选择 DTM1 面,注意骨架线的起点一定要在左端,单击 ✓,结果如图 2.132 所示。

图 2.132　骨架折弯结果

步骤五：为扳手创建修饰和文字

（1）单击"模型"选项卡中的"拉伸" ，"移除材料" ，选择弯柄上平面作为草绘平面，绘制如图 2.133（a）所示截面，单击 ，方向向下，深度 1，向下挖槽拉伸结果如图 2.133（b）所示。

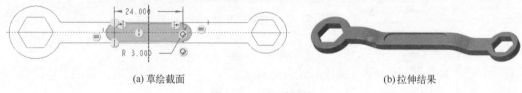

(a) 草绘截面　　　　　　　　　　　　　　(b) 拉伸结果

图 2.133　扳手挖槽

（2）单击"模型"选项卡中的"拉伸" ，选择槽上平面作为草绘平面，单击"文本" ，输入 SPECIAL，拉伸深度 1，方向向上，为文字赋予外观颜色，拉伸结果如图 2.134 所示。

(a) 草绘截面　　　　　　　　　　　　　　(b) 拉伸结果

图 2.134　扳手文字

3. 拨叉建模

拨叉一般应用于变速机构中，是各类变速箱换挡机构中的主要零件，其作用为换挡、改变输入/输出转速比、获得所需的速度和扭矩等。拨叉一般具有拨爪、连接板、孔、加强筋等结构。

本实例要创建的拨叉如图 2.135 所示，其主体造型可以采用拉伸形成，采用筋、孔、镜像等命令生成拨叉其他结构。

步骤一：新建零件 shift_fork.prt

在"文件"选项卡中单击"新建" ，弹出"新建"对话框，输入 shift_fork，默认勾选"使用默认模板"复选框，单击"确定"按钮。

步骤二：采用拉伸命令创建拨叉主体

（1）单击"模型"选项卡中的"拉伸" ，选择 TOP 基准平面作为草绘平面，绘制如图 2.136（a）所

图 2.135　拨叉

示截面,拉伸深度 78,方向向上,拉伸结果如图 2.136(b)所示。

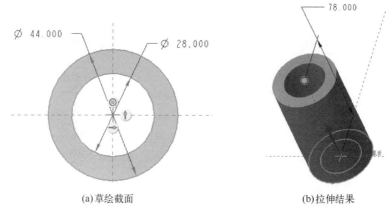

图 2.136 拉伸截面及结果

(2)单击"平面" ▱,选择 TOP 面向上偏移 36,如图 2.137(a)所示。单击"拉伸" ,选择新建基准平面 DTM1 作为草绘平面,增加圆柱外圆周面为参考,绘制如图 2.137(b)所示截面,向下拉伸,深度 8,拉伸结果如图 2.137(c)所示。

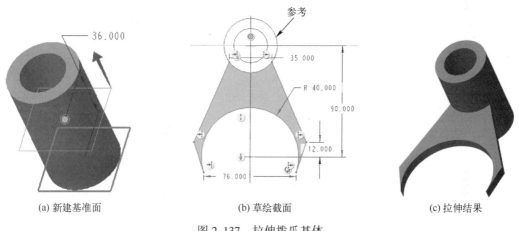

图 2.137 拉伸拨爪基体

(3)单击"拉伸" ,选择新建基准平面 DTM1 作为草绘平面,增加拨爪基体内圆周面为参考,绘制如图 2.138(a)所示截面,向下拉伸,深度 10,拉伸结果如图 2.138(b)所示。

步骤三:创建筋

单击"轮廓筋" ,选择 RIGHT 面作为草绘平面,定向面 TOP 面朝上,删除已有参考,选择面和素线为参考,绘制如图 2.139(a)所示截面,筋厚度 6,方向向内,轮廓筋拉伸结果如图 2.139(b)所示。

步骤四:创建凹槽托台和连接板

(1)单击"拉伸" ,选择 RIGHT 面作为草绘平面,绘制如图 2.140(a)所示截面,双侧 拉伸,深度 6,凹槽托台拉伸结果如图 2.140(b)所示。

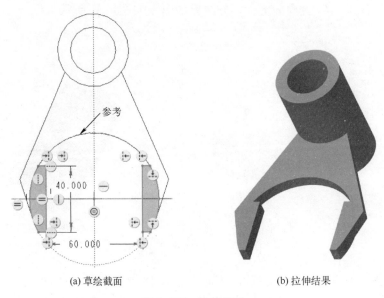

(a) 草绘截面　　(b) 拉伸结果

图 2.138　拉伸拨爪

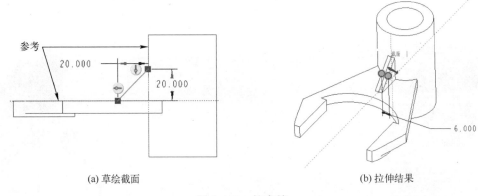

(a) 草绘截面　　(b) 拉伸结果

图 2.139　轮廓筋

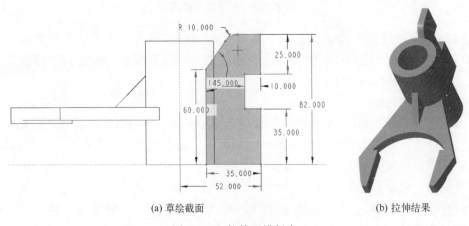

(a) 草绘截面　　(b) 拉伸结果

图 2.140　拉伸凹槽托台

(2）单击"拉伸"，选择 FRONT 面作为草绘平面，绘制如图 2.141（a）所示截面，双侧拉伸，深度 6，单侧连接板拉伸结果如图 2.141（b）所示。

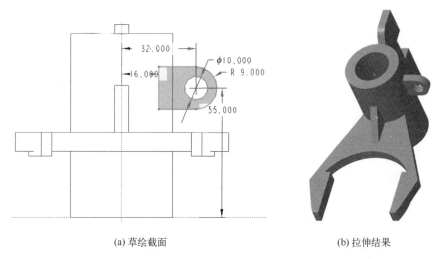

(a) 草绘截面　　　　　　　(b) 拉伸结果

图 2.141　拉伸连接板

（3）选中拉伸的单侧连接板，单击"镜像"，镜像面选择 RIGHT 面，镜像结果如图 2.142 所示。

步骤五：创建螺纹孔并管理注释

（1）单击"孔"，在"孔"选项卡中，"类型"选择"标准"，"螺钉尺寸"选择"M5×.5"，深度为"到下一个"，放置类型为"同轴"，按住 Ctrl 键选择右连接板的前表面和孔轴，参考及螺纹孔注释如图 2.143 所示。

 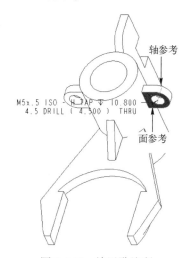

图 2.142　镜像结果　　　　　图 2.143　放置孔注释

（2）单击"视图"选项卡中的"层"，在左侧模型树下方会出现层树。在"层树"中右键单击"层"，在弹出的菜单中单击"新建层…"，输入层名 NOTE，然后单击螺纹孔注释，单击"确定"。

（3）在层树中右键单击 NOTE，在弹出的菜单中选择"隐藏"。再次右键单击 NOTE，在菜单中选择"保存状态"。在特征显示工具栏中单击"重画"，孔注释就被隐藏了。

2.3.4 箱体类零件设计

箱体类零件是机器中的主要零件，起连接、支撑、包容其他零件的作用。常见箱体类零件有机座、床身、阀体、泵体等。箱体类零件上的常见结构有空腔、轴孔、支撑壁、肋、底板、凸台、沉孔等，其内外形状比较复杂。

下面通过实例介绍箱体类零件的建模方法及过程。

1. 减速器箱盖建模

减速器在现代机械中应用极为广泛，是由封闭在刚性壳体内的齿轮传动、蜗杆传动、齿轮-蜗杆传动所组成的独立部件，一般用于低转速大扭矩的传动设备，把电动机、内燃机或其他高速运转的动力通过减速机的输入轴上的齿数少的齿轮啮合输出轴上的大齿轮来达到减速的目的。

箱盖上主要结构有起吊装置，位置在箱顶，作用是搬运和装卸箱盖；窥视孔和视孔盖的位置在箱盖顶部，作用是便于检查向内传动零件的齿合情况，以及将润滑油注入箱体内，同时防止润滑油飞溅出来和污物进入箱体内；通气孔的位置在窥视盖上，作用是避免由此引起密封部位的密封性下降，造成润滑油向外渗透，使箱内的热膨胀气体能自由逸出，保持箱内压力正常，从而保证箱体的密封性。

本实例要创建的减速器箱盖如图 2.144 所示。

图 2.144　减速器箱盖

步骤一：新建零件 reduction_cover.prt

在"文件"选项卡中单击"新建"，弹出"新建"对话框，输入 reduction_cover，默认勾选"使用默认模板"复选框，单击"确定"按钮。

步骤二：创建箱盖基本外形

（1）单击"模型"选项卡中的"拉伸"，选择 FRONT 基准平面作为草绘平面，绘制如图 2.145（a）所示截面，拉伸深度 110，双侧拉伸，拉伸结果如图 2.145（b）所示。

（2）单击"倒圆角"，选择如图 2.146 所示的两条边，圆角半径为 8。

（3）单击"壳"，选中下表面，壳厚度为 8，如图 2.147 所示。

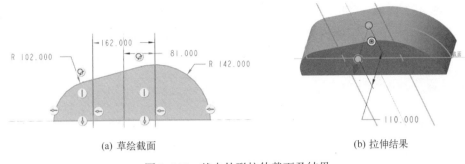

(a) 草绘截面　　　　　　　　　　　　(b) 拉伸结果

图 2.145　基本外形拉伸截面及结果

图 2.146　倒圆角结果

图 2.147　抽壳结果

步骤三：创建箱盖凸缘和凸台

（1）单击"拉伸"，选择平面作为草绘平面，绘制如图 2.148（a）所示截面，向上拉伸，深度 12，拉伸结果如图 2.148（b）所示。

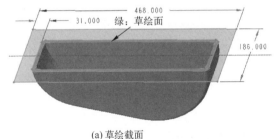

(a) 草绘截面　　　　　　　　　　　　(b) 拉伸结果

图 2.148　凸缘拉伸截面及结果

（2）单击"拉伸"，选择平面作为草绘平面，绘制如图 2.149（a）所示截面，向上拉伸，深度 35，拉伸结果如图 2.149（b）所示。

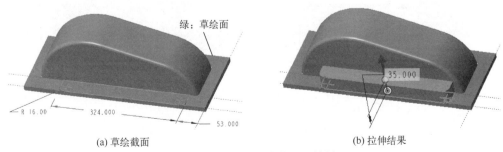

(a) 草绘截面　　　　　　　　　　　　(b) 拉伸结果

图 2.149　凸台拉伸截面及结果

（3）单击"拉伸" ，仍然选择平面作为草绘平面，绘制如图 2.150 所示截面，单击"移除材料" ，深度为"穿透" ，凸缘剪切结果如图 2.151 所示。

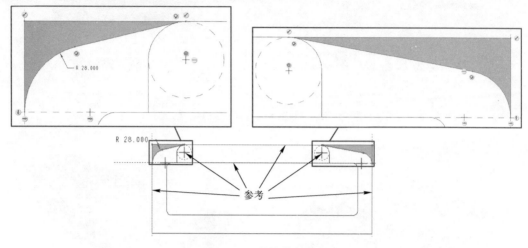

图 2.150　凸缘剪切截面

（4）单击"镜像" ，将凸缘和凸缘剪切通过 FRONT 面镜像到箱盖前侧，如图 2.152 所示。

图 2.151　凸缘剪切结果　　　　图 2.152　镜像结果

步骤四：创建箱盖轴承孔

（1）单击"拉伸" ，选择前表面作为草绘平面，删除已有参考，选择 2 个内圆柱面为参考，绘制如图 2.153（a）所示截面，向前拉伸，深度 42，拉伸结果如图 2.153（b）所示。

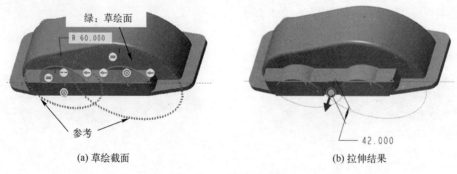

(a) 草绘截面　　　　　　　　(b) 拉伸结果

图 2.153　轴承座拉伸

(2) 单击"轴" ，选择轴承座拉伸的两个外圆柱面，如图 2.154（a）所示为其创建轴。

(3) 单击"孔" ，方式为"同轴" ，按住 Ctrl 键同时选择轴承座前表面和轴，孔径一个为 φ80，一个为 φ85，深度均为"到下一个" ，如图 2.154（b）所示。

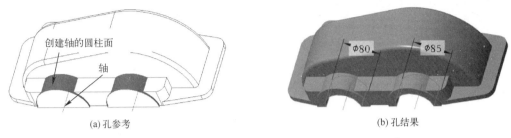

(a) 孔参考　　　　　　　　　　　　　(b) 孔结果

图 2.154　轴承孔

(4) 按住 Shift 键，选择两个轴承孔的拉伸和孔，右键单击，选择"组" ，单击"镜像" ，以 FRONT 面为镜像面，镜像结果如图 2.155 所示。

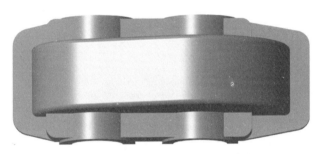

图 2.155　镜像结果

步骤五：创建箱盖凸台安装孔

(1) 单击"轴" ，以图 2.156（a）所示凸台左侧圆柱面为参考，创建轴。

(2) 单击"孔" ，方式为"同轴" ，按住 Ctrl 键同时选择凸台上表面和轴，孔类型选择"沉孔" ，孔径一个为 φ28，一个为 φ13，深度均为"穿透" ，孔结果如图 2.156（b）所示。

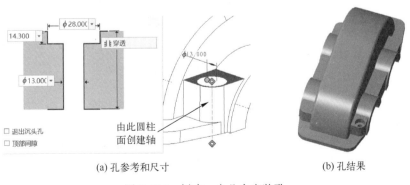

(a) 孔参考和尺寸　　　　　　　　　　(b) 孔结果

图 2.156　创建一个凸台安装孔

步骤六：采用复制、粘贴命令创建多个箱盖凸台安装孔

（1）选择上面步骤五中创建的凸台安装孔，单击"模型"选项卡下的"复制"（或者按 Ctrl+C 键）。

（2）单击"模型"选项卡下的"粘贴"后面的小箭头，选择"选择性粘贴"（或者按 Ctrl+Shift+V 键），打开如图 2.157（a）所示的"选择性粘贴"对话框，勾选"高级参考配置"复选框，单击"确定"。

（3）由于步骤六创建的凸台安装孔除了基准轴，其他参考与上面步骤五相同，因此仅需修改基准轴。在打开的图 2.157（b）所示的"高级参考配置"对话框中，选择上面步骤五创建凸台安装孔参考中的"基准轴"。

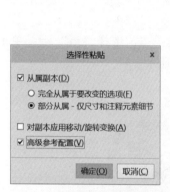
(a)"选择性粘贴"对话框

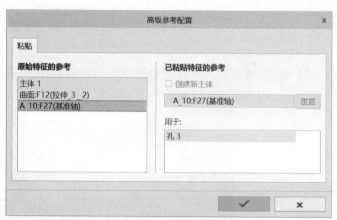
(b)"高级参考配置"对话框

图 2.157　对话框

（4）选择图 2.158（a）中的基准轴，其他参考不变，凸台安装孔复制结果如图 2.158（b）所示。

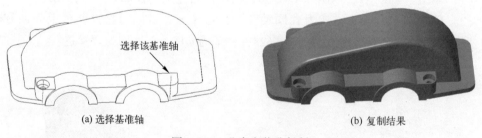

(a) 选择基准轴　　　　　　　　　　　(b) 复制结果

图 2.158　凸台安装孔复制

（5）单击"镜像"，将两个凸台安装孔通过 FRONT 面镜像到后侧，如图 2.159（b）所示。

步骤七：创建箱盖凸台中间孔

（1）单击"孔"，方式为"线性"，如图 2.160（a）所示放置于凸台上表面，两个偏移参考分别为距离 RIGHT 面 0，距离 FRONT 面 75，孔径为 φ13，深度为

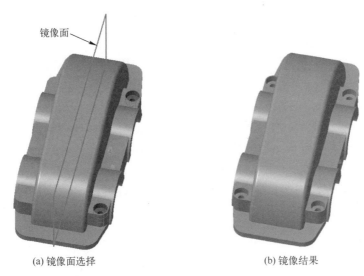

(a) 镜像面选择　　　　　　　　　　(b) 镜像结果

图 2.159　镜像凸台安装孔

"穿透"，单击"确定"。

（2）单击"镜像"，将凸台中间的孔通过 FRONT 面镜像到后侧，孔结果如图 2.160（b）所示。

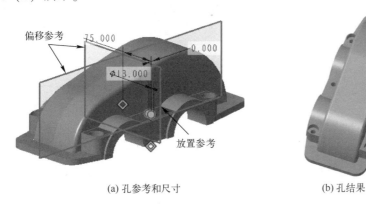

(a) 孔参考和尺寸　　　　　　　　　(b) 孔结果

图 2.160　凸台中间孔

步骤八：创建箱盖凸缘安装孔、螺栓孔、销孔和端盖安装孔

（1）单击"孔"，方式为"线性"，如图 2.161（a）所示放置于凸缘上表

(a) 孔参考和尺寸　　　　　　　　　(b) 镜像结果

图 2.161　凸缘安装孔

面，两个偏移参考分别为距离箱盖右面14，距离FRONT面41，孔类型选择"沉孔"，孔径一个为φ21，一个为φ11，深度为"穿透"，单击"确定"。

（2）单击"镜像"，选中创建的安装孔，单击FRONT面，镜像结果如图2.161（b）所示。

（3）单击"孔"，方式为"线性"，如图2.162右边所示放置于凸缘上表面，两个偏移参考分别为距离箱盖左面16，距离FRONT面36，选择"标准"、"攻丝"，"螺钉尺寸"为M10×1，深度为"穿透"，单击"确定"。

（4）单击"孔"，方式为"线性"，如图2.162左边所示放置于凸缘上表面，两个偏移参考分别为距离箱盖右面16，距离FRONT面36，孔径为φ10，深度为"穿透"，单击"确定"。

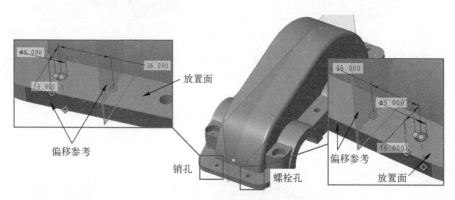

图2.162　螺栓孔参考及结果

（5）单击"孔"，方式为"径向"，如图2.163所示放置于轴承座前表面，两个偏移参考分别为距离轴R52，距离TOP面30°，选择"标准"、"攻丝"，"螺钉尺寸"为M6×1，深度为15，单击"确定"。

（6）单击"阵列"，"尺寸阵列"，选择刚创建的端盖安装孔，单击尺寸30°，角度增量为60°，数量为3，孔阵列结果如图2.164所示。

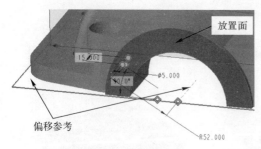

图2.163　端盖安装孔

图2.164　孔阵列结果

（7）按照同样的方法创建右端盖安装孔，如图2.165所示。

（8）按住Shift键，选择上面步骤七、步骤八中创建的安装孔，单击"镜像"，将前端盖安装孔镜像到后端盖。

图 2.165　创建右端盖安装孔

步骤九：创建箱盖吊耳

（1）单击"轮廓筋"，选择 FRONT 面为草绘面，删除已有参考，选择如图 2.166（a）所示凸缘上表面和基体左侧外圆柱面为参考，绘制截面，单击，筋厚度为 20。左侧吊耳筋拉伸结果如图 2.166（b）所示。

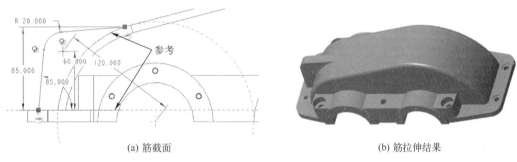

(a) 筋截面　　　　　　　　　　　(b) 筋拉伸结果

图 2.166　左侧吊耳

（2）单击"孔"，类型为"同轴"，如图 2.167 所示，选择左侧吊耳前表面为放置面。单击"模型"选项卡的"轴"，以左侧吊耳上圆柱面为参考创建轴。单击"孔"选项卡，孔径为 φ20，深度为"穿透"。

（3）单击"轮廓筋"，选择 FRONT 面为草绘面，删除已有参考，选择如图 2.167 所示凸缘上表面和基体右侧外圆柱面为参考，绘制截面如图 2.168 所示，单击，筋厚度为 20。右侧吊耳筋拉伸结果如图 2.169 所示。

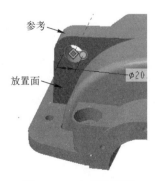 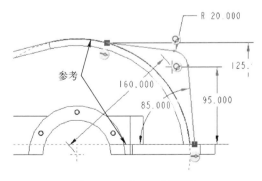

图 2.167　左侧吊耳孔　　　　　图 2.168　右侧吊耳截面

（4）单击"孔"🔘，类型为"同轴"⌀，如图 2.170 所示，选择右侧吊耳前表面为放置面。单击"模型"选项卡的"轴"/，以右侧吊耳上圆柱面为参考，创建轴。单击"孔"选项卡，孔径为 φ20，深度为"穿透"⫲。

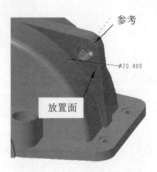

图 2.169 右侧吊耳拉伸　　　　　图 2.170 右侧吊耳孔

步骤十：创建箱盖窥视窗

（1）单击"拉伸"📦，选择箱盖上斜面表面作为草绘平面，删除已有参考，选择 FRONT 面和斜面左边线为参考，绘制如图 2.171（a）所示截面，向上拉伸，深度 3，拉伸结果如图 2.171（b）所示。

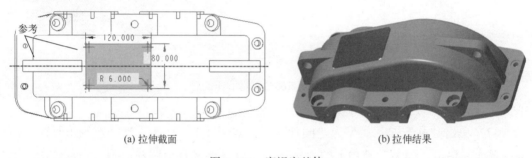

(a) 拉伸截面　　　　　　　　　　(b) 拉伸结果

图 2.171 窥视窗基体

（2）单击"拉伸"📦，选择"移除材料"📄，选择窥视窗基体上表面作为草绘平面，删除已有参考，单击"偏移"⌘，基体边线，方式为"链"，向内偏移 15，截面如图 2.172（a）所示，单击✓。向下拉伸，深度为"到下一个"⫲，剪切结果如图 2.172（b）所示。

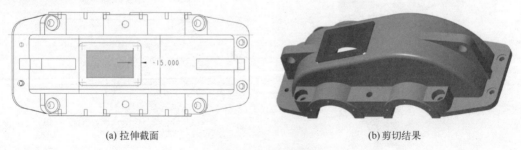

(a) 拉伸截面　　　　　　　　　　(b) 剪切结果

图 2.172 窥视窗剪切

(3) 单击"孔",方式为"线性",如图 2.173(a) 所示放置于窥视窗上表面,两个偏移参考分别为基体后边 10,距离基体左边 10,选择"标准"、"攻丝","螺钉尺寸"为 M6×1,深度为 9,单击"确定"。

(4) 选择刚创建的窥视窗螺纹孔,单击"阵列",第一方向尺寸为横向 10、增量 100、数量 2,第二方向尺寸为纵向 10、增量 60、数量 2。阵列结果如图 2.173(b) 所示。

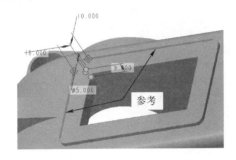 

(a) 螺纹孔参考 (b) 螺纹孔阵列

图 2.173 窥视窗螺纹孔

步骤十一:创建倒角和倒圆角

(1) 单击"倒角",选择图 2.174(a) 所示轴承座 4 条边线,倒角值 2。

(2) 单击"倒角",选择图 2.174(b) 所示内腔 2 条边线,倒角值 8。

(a) 4 条轴承座边 (b) 2 条内腔边

图 2.174 倒角

(3) 单击"倒圆角",半径为 2,为凸缘、加强筋、窥视窗等加上倒圆角,结果如图 2.175 所示。

图 2.175 倒圆角

2. 减速器箱体建模

箱体是减速机中传动零件的支撑件和包容件，结构复杂。减速器箱体主要承受压力，要求有良好的刚度、减振性和密封性。

本实例要创建的减速器箱体如图 2.176 所示。其主体造型可以采用拉伸和旋转形成，辅助其他命令生成箱体上其他结构。

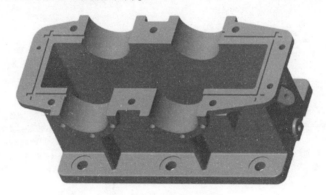

图 2.176 减速器箱体

步骤一：新建零件 reduction_case.prt

在"文件"选项卡中单击"新建"，弹出"新建"对话框，输入 reduction_case，默认勾选"使用默认模板"复选框，单击"确定"按钮。

步骤二：创建箱体机座底凸缘和箱体基本外形

（1）单击"模型"选项卡中的"拉伸"，选择 TOP 基准平面作为草绘平面，绘制如图 2.177（a）所示截面，拉伸深度 20，向上拉伸，拉伸结果如图 2.177（b）所示。

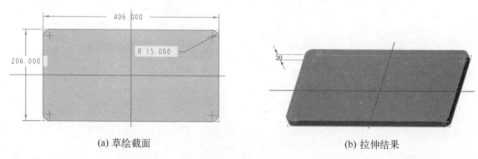

(a) 草绘截面　　　　　　　　　　(b) 拉伸结果

图 2.177　机座底凸缘拉伸截面及结果

（2）单击"模型"选项卡中的"拉伸"，以底座上平面作为草绘平面，增加底座左右面为参考，绘制如图 2.178（a）所示截面，拉伸深度 148，向上拉伸，拉伸结果如图 2.178（b）所示。

步骤三：采用数据共享技术从箱盖复制参考面，创建箱体机座凸缘及内腔

（1）单击"打开"，选择上个例子中创建的 reduction_cover.prt，并打开该模型。

（2）单击"模型"选项卡中的"模型意图"选项组下的"发布几何"。在发布几何选项卡的"曲面集"，按住 Ctrl 键，选择如图 2.179 所示的 10 个单曲面，单击 ✓。

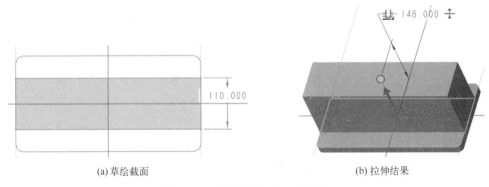

(a) 草绘截面　　　　　　　　　　　　　　(b) 拉伸结果

图 2.178　箱体拉伸截面及结果

（3）单击"模型"选项卡中的"获取数据"选项组下的"复制几何"，在"源模型和位置"中单击"打开"，选择 reduction_cover.prt，在弹出的"放置"对话框中选择"默认"，单击"确定"，回到"复制几何"选项卡。在"参考"选项组中单击"发布几何参考"，弹出小窗口显示的 reduction_cover.prt，在模型定义的发布几何任意位置上单击，再单击，结果如图 2.180（a）所示。

图 2.179　reduction_cover 上的发布几何

（4）返回 reduction_case，单击"模型"选项卡中的"编辑"选项组下的"扭曲"，在随即打开的"扭曲"选项卡中，单击"参考"下的"几何"，并在模型上选择上一步复制的曲面。单击"工具"下的"变换"，按住 Alt 键同时用鼠标左键拖动曲面。然后单击"选项"，X 坐标输入"-20"，Y 和 Z 值均为 0。单击，曲面沿 X 轴移动结果如图 2.180（b）所示。

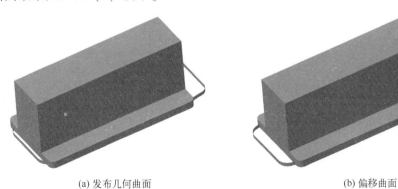

(a) 发布几何曲面　　　　　　　　　　　　(b) 偏移曲面

图 2.180　发布和偏移曲面

（5）单击"模型"选项卡中的"拉伸"，以箱体上平面作为草绘平面，单击"投影"，绘制如图 2.181（a）所示截面，拉伸深度 12，向上拉伸，拉伸结果如图 2.181（b）所示。

（6）在模型树中选择复制几何曲面，在弹出的菜单中单击"隐藏"，在模型中不显示复制曲面。

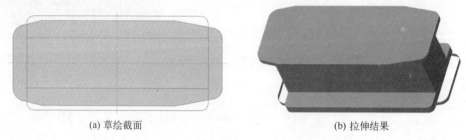

图 2.181　箱体机座凸缘拉伸截面及结果

（7）单击"模型"选项卡中的"拉伸"，单击"移除材料"，以箱体上端面上平面作为草绘平面，绘制如图 2.182（a）所示截面，拉伸深度 167，向下拉伸，拉伸结果如图 2.182（b）所示。

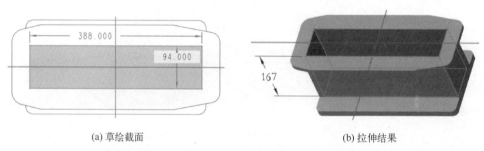

图 2.182　箱体内腔剪切拉伸截面及结果

步骤四：创建轴承孔

（1）单击"模型"选项卡中的"拉伸"，以箱体前平面作为草绘平面，删除已有参考，增加如图 2.183（a）所示两个参考，绘制截面，单击。单击"到参考"，向前拉伸至上端盖前表面，结果如图 2.183（b）所示。

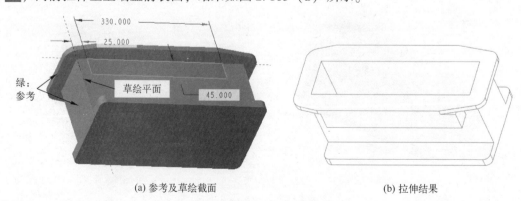

图 2.183　箱体凸台拉伸截面及结果

(2) 单击"模型"选项卡中的"拉伸" ，以箱体前平面作为草绘平面，删除已有参考，增加如图 2.184（a）所示两个参考，绘制截面，单击 。向前拉伸厚度为 50，结果如图 2.184（b）所示。

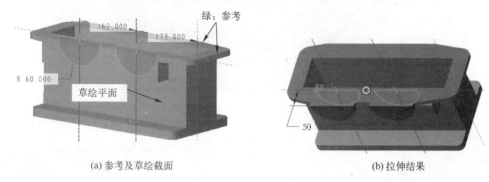

(a) 参考及草绘截面　　　　　　　　(b) 拉伸结果

图 2.184　箱体轴承孔前凸台拉伸截面及结果

(3) 选择前侧凸台和轴承孔前凸台，单击"镜像" ，单击 FRONT 面，将两者镜像至后侧。

(4) 单击"轴" ，单击如图 2.185 所示的左轴承孔凸台外圆柱面，为其创建中心轴。同样的方法为右轴承孔凸台创建中心轴。

(5) 单击"孔" ，"类型"为"同轴" ，按住 Ctrl 键，将轴承孔凸台前表面和中心轴选入"放置"项中，直径为 $\phi 85$，深度为"穿透" ，单击 。同样的方法为右侧轴承孔凸台打孔，结果如图 2.186 所示。

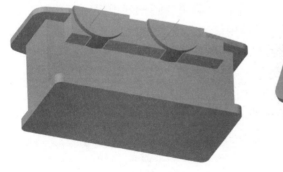　　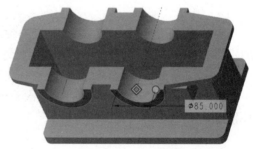

图 2.185　创建中心轴　　　　　　　图 2.186　同轴孔

(6) 单击"倒角" ，倒角数值 D 为 2，按住 Ctrl 键，选择如图 2.187 所示 4 条边，单击 。

步骤五：创建筋板

(1) 单击"模型"选项卡中的"平面" ，按住 Ctrl 键选择 RIGHT 面和右轴承孔轴线，与 RIGHT 面"平行"，与轴"穿过"，新建 DTM1 面如图 2.188（a）所示。

(2) 单击"轮廓筋" ，单击 DTM1 面，进入草绘器，删除已有参考，增加如图 2.188（b）所示参考并绘制截面，单击 。筋宽度为 8，轮廓筋拉伸结果如图 2.188（c）所示。

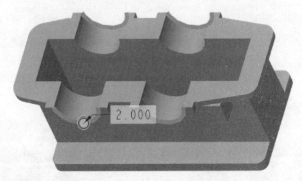

图2.187 倒角

(a) 新建草绘面

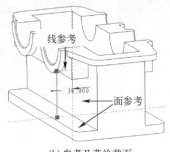

(b) 参考及草绘截面

(c) 拉伸结果

图2.188 创建加强筋

(3) 单击"文件"下的"选项",打开选项卡。单击"功能区",在"过滤命令"框中输入"旧版",在其下的显示框中找到"旧版"。选中"旧版",单击右侧箭头➡,将其放置入"模型"下的"操作"中。单击"确定"返回建模界面。

(4) 单击"旧版",在弹出的菜单管理器中依次选择"特征"→"复制"→"移动、选择、从属"→"完成"→选择前右侧加强筋→"完成"→"平移"→"一般选择方向"→"平面"→选择RIGHT面→"反向"→"确定"→输入偏移距离162→✓→"完成移动"→"完成"→"确定",完成前左侧加强筋建模如图2.189(a)所示。

(5) 按住Ctrl键,在模型树中依次单击前右侧和前左侧加强筋,单击"镜像",单击FRONT面,将两者镜像至后侧。镜像结果如图2.189(b)所示。

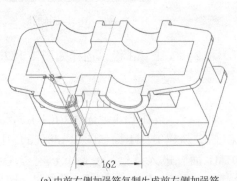

(a) 由前右侧加强筋复制生成前左侧加强筋

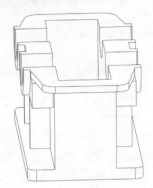

(b) 镜像结果

图2.189 加强筋建模

步骤六：创建端盖安装孔和箱体安装孔

（1）单击"孔"，方式为"径向"，如图 2.190 所示放置于轴承座前表面，两个偏移参考分别为距离轴 R52，距离上表面 30°，选择"标准"、"攻丝"，"螺钉尺寸"为 M6×1，深度为 15，端盖安装孔结果如图 2.190 所示。

（2）单击"阵列"，"尺寸阵列"，选择刚创建的端盖安装孔，单击尺寸 30°，角度增量为 60°，数量为 3，孔阵列结果如图 2.191 所示。

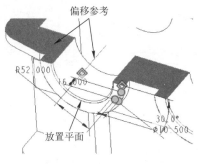

图 2.190 端盖安装孔

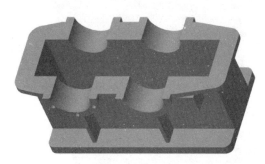

图 2.191 孔阵列结果

（3）按照同样的方法创建右端盖安装孔，如图 2.192 所示。

（4）按住 Shift 键，选择上面步骤（2）、（3）中创建的安装孔，单击"镜像"，选择 FRONT 面，将前端盖安装孔镜像到后端盖。

（5）单击"孔"，方式为"线性"，如图 2.193 所示放置于底座上表面，两个偏移参考分别为距离 FRONT 面 80，距离左轴承孔轴 60，选择"简单"、"钻孔"、"沉孔"，在"形状"选项卡中沉孔直径为 $\phi 38$，深 2，孔直径为 $\phi 19$，深度为"穿透"，如图 2.193 所示。

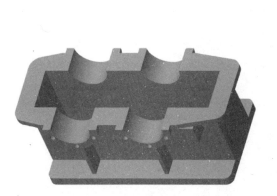

图 2.192 右端盖安装孔

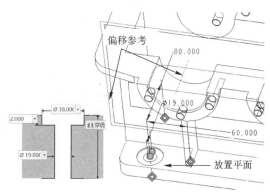

图 2.193 底座安装孔

（6）选择刚创建的底座安装孔，单击"阵列"，单击尺寸 60，阵列增量为 -160，数量为 3，阵列结果如图 2.194 所示。

（7）选择阵列后的 3 个底座安装孔，单击"镜像"，选择 FRONT 面，将其镜像到后面。

（8）按照步骤三中（2）、（3）、（4）操作，如图 2.195 所示将模型 reduction_cover.prt 中的箱盖螺栓孔和销孔面进行"发布几何" 、"复制几何" 和"扭曲" 。移动距离仍然为 X 坐标"-20"，Y 和 Z 值均为 0。曲面复制与移动结果如图 2.196 和图 2.197 所示。

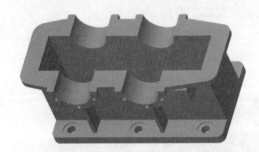

图 2.194 底座安装孔阵列结果

图 2.195 reduction_cover 上的发布几何

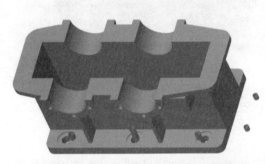

图 2.196 reduction_case 上的复制几何

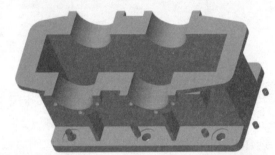

图 2.197 曲面沿 X 轴移动结果

（9）单击"模型"选项卡中的"拉伸" ，单击"移除材料" ，以箱体上平面作为草绘平面。删除已有参考，切换到"消隐" 模式，单击"投影" ，绘制截面，单击 。向下剪切，深度为"到下一个" 。箱体安装 3L 打孔结果如图 2.198 所示。

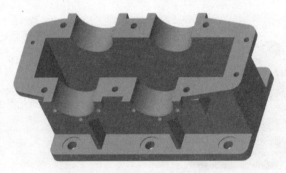

图 2.198 箱体安装孔打孔结果

（10）选择外部复制几何的孔面，在弹出的菜单中单击"隐藏" 。

步骤七：创建箱体吊钩

（1）单击"模型"选项卡中的"拉伸" ，以 FRONT 面作为草绘平面，删除已有参考，增加如图 2.199（a）所示 3 个参考，在箱体左边绘制截面，单击 。单击"对称" ，厚度为 20，单击 ，拉伸结果如图 2.199（b）所示。

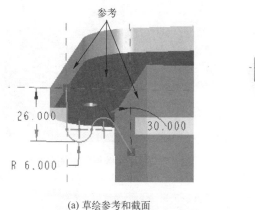

(a) 草绘参考和截面 (b) 拉伸结果

图 2.199　左侧吊钩建模

（2）选择箱体左侧吊钩，单击"镜像" ，选择 RIGHT 面，将其镜像到右侧。

步骤八：创建箱体结合面输油槽

（1）单击"模型"选项卡中的"拉伸" ，单击"移除材料" ，以箱体上端面作为草绘平面，删除已有参考，增加如图 2.200（a）所示 FRONT 面、右轴承孔最右边线、内腔前壁面和右壁面 4 个参考。绘制如图 2.200（b）所示截面，单击 。方向向下，厚度为 4，单击 。右侧输油槽如图 2.201 所示。

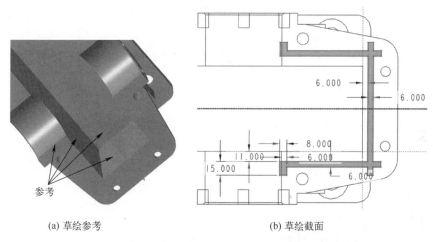

(a) 草绘参考 (b) 草绘截面

图 2.200　右侧输油槽参考及截面

（2）选择右侧输油槽，单击"镜像" ，镜像面为 RIGHT 面，镜像结果如图 2.202 所示。

步骤九：创建箱体放油螺孔

（1）单击"模型"选项卡中的"拉伸" ，以箱体右端面作为草绘平面，设置 FRONT 面、TOP 面为参考。绘制如图 2.203（a）所示截面，单击 。方向向右，厚度为 6，单击 。拉伸结果如图 2.203（b）所示。

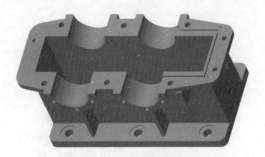

图 2.201　右侧输油槽

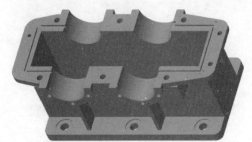

图 2.202　镜像得到左侧输油槽

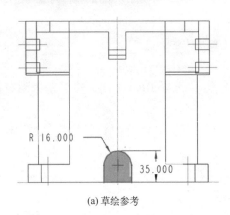

(a) 草绘参考　　　　　　　　(b) 拉伸结果

图 2.203　放油螺孔基体拉伸

（2）单击"轴" ，选择放油螺孔基体上圆柱面，为其创建轴。

（3）单击"孔" ，"类型"为"同轴" ，按住 Ctrl 键，将放油螺孔凸台前表面和中心轴选入"放置"项中，选择"标准" 、"攻丝" ，"螺钉尺寸"为 M12×1，深度为"到下一个" ，单击 。放油螺孔建模结果如图 2.204 所示。

步骤十：创建箱体油标尺孔

（1）单击"草绘" ，以 FRONT 面为草绘面，参照为箱体右端面和 TOP 面，如图 2.205 所示绘制一个点和一条线，单击 。

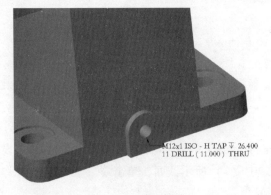

图 2.204　放油螺孔

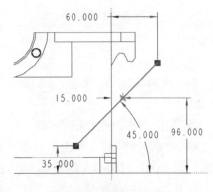

图 2.205　草绘直线与点

(2) 单击"平面" ▱，按住 Ctrl 键，选择上一步创建的点和线，点为"穿过"，线为"法向"，单击"确定"，DTM2 面如图 2.206 所示。

(3) 单击"轴" ╱，按住 Ctrl 键，选择 DTM2 和箱体右端面，均为"穿过"，创建一根辅助轴线，如图 2.207 所示。

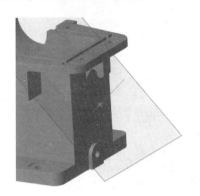 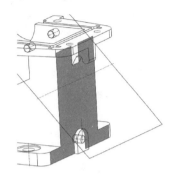

图 2.206　创建 DTM2 面　　　　图 2.207　创建辅助轴线

(4) 单击"模型"选项卡中的"拉伸" ，以 DTM2 面作为草绘平面，设置 FRONT 面、辅助轴线为参考。如图 2.208（a）绘制截面，单击 ✔。方向向下，厚度为"到参考" ⯆，单击箱体右端面，单击 ✔。结果如图 2.208（b）所示。

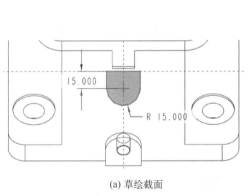 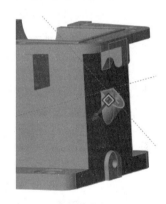

(a) 草绘截面　　　　　　　　(b) 拉伸结果

图 2.208　油标尺孔基体拉伸

(5) 单击"轴" ╱，选择油标尺孔基体圆柱面，为其创建轴，如图 2.209 所示。

(6) 单击"孔" ，"类型"为"同轴" ，按住 Ctrl 键，将油标尺孔凸台上表面和中心轴选入"放置"项中，选择"标准"、"攻丝"，"螺钉尺寸"为 M12×1，深度为"到下一个" ⯆，单击 ✔。油标尺螺纹孔建模结果如图 2.210 所示。

步骤十一：创建底座凹槽

单击"模型"选项卡中的"拉伸" ，以箱体左端面作为草绘平面，如图 2.211（a）所示绘制截面，单击 ✔。方向向右，厚度为"穿透" ⯆，单击 ✔。拉伸结果如图 2.211（b）所示。

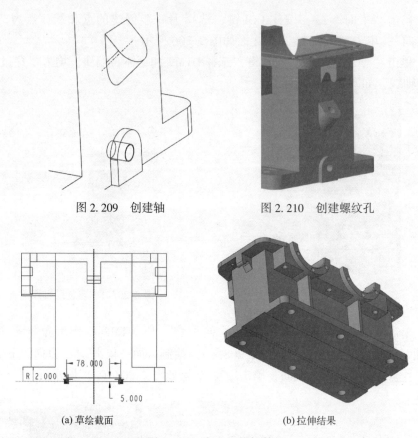

图 2.209　创建轴　　　　图 2.210　创建螺纹孔

(a) 草绘截面　　　　(b) 拉伸结果

图 2.211　底座凹槽拉伸

步骤十二：为箱体创建铸造倒圆角

（1）单击"倒圆角" ，按住 Ctrl 键，选择图 2.212（a）所示肋板的两条边，单击"完全倒圆角"，单击 。一条肋板和四条肋板完全倒圆角结果如图 2.212（b）、（c）所示。

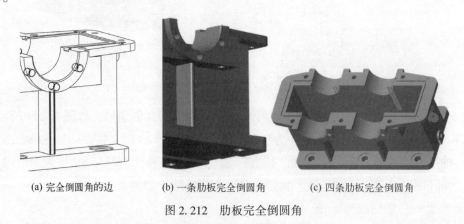

(a) 完全倒圆角的边　　(b) 一条肋板完全倒圆角　　(c) 四条肋板完全倒圆角

图 2.212　肋板完全倒圆角

（2）单击"倒圆角" ，按住 Ctrl 键选择如图 2.213 所示连接部分进行倒圆角，注意半径的变化，单击 。倒圆角结果如图 2.213（a）所示。

（3）单击"倒圆角" ，按住 Ctrl 键选择如图所示部分进行倒圆角，圆角半径为 R3，单击 。倒圆角结果如图 2.213（b）所示。

(a) 连接处　　　　　　　　　　(b) 环

图 2.213　倒圆角

（4）为箱体其他部分进行倒圆角，圆角半径为 R2。箱体倒圆角结果如图 2.214 所示。

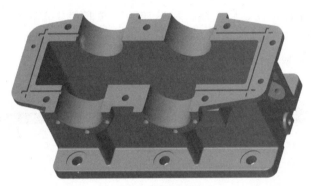

图 2.214　箱体倒圆角结果

第3章 机械装配设计

3.1 装配简介

零件在装配模块下按照工作状态装配在一起，才能形成一个产品。工作状态下，在装配件中处于固定位置的零件使用约束装配，处于运动状态的零件使用连接装配。

3.1.1 装配模块界面

启动 Creo Parametric 9.0 后，在"快速访问"工具栏中单击"新建"，在"类型"中选择"装配"项，其他选择系统默认选项后，进入装配模块的设计界面如图 3.1 所示，设计界面主要包括功能区、导航区、图形显示区等。

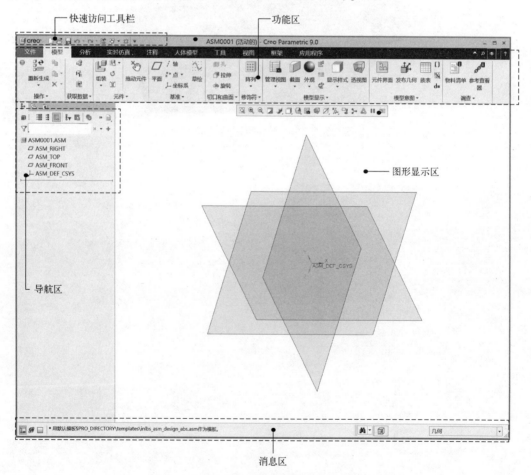

图 3.1 装配模块设计界面

3.1.2 装配设计的常用思路

1. 自底向上装配

自底向上装配是指先将已经设计好的零部件按照一定的装配方式添加到装配体中。自底向上装配的典型装配操作如图 3.2 所示，典型装配操作步骤如下：

（1）新建装配文件。

（2）单击"模型"选项卡的"组装" ，打开"元件放置"选项卡。

（3）在"元件放置"选项卡上，选择适合的约束类型和参数。

（4）单击 ，完成一个元件的装配。

（5）根据需要，继续采用该方法，完成装配体中所有元件的装配。

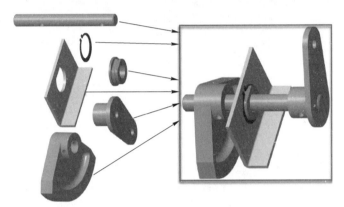

图 3.2 自底向上装配示意图

2. 自顶向下装配

自顶向下装配是先制定产品概念，按照顶级设计标准逐级向下创建产品各级标准，并被逐级传递到相关零件和元件。如图 3.3 所示，在装配过程中参考其他元件对当前元件进行设计是自顶向下装配常用的方法。

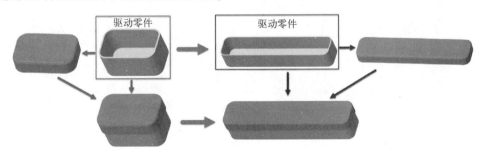

图 3.3 自顶向下装配示意图

3.2 约束装配

约束装配用于确定元件在装配件中的固定方式。Creo 中的约束装配设计是在装配模块中进行，还可以对装配进行修改、分析和定向等操作，类型主要有距离、平行、重合等。

放置约束装配类型，如下：

放置约束装配需要给元件指定放置约束，即指定一对参考的相对位置。Creo Parametric 9.0 中，提供了 11 种放置约束装配的类型，包括"自动""距离""角度偏移""平行""重合""法向""共面""居中""相切""固定""默认"，如图 3.4 所示。

下面通过图例简单讲解这些放置约束装配类型。

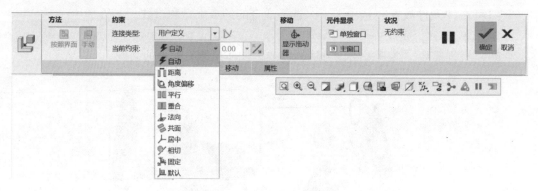

图 3.4　放置约束装配类型

1. 自动

系统按用户选择的元素自动进行智能判断，并给出相应的约束类型，在这个过程中元件参考相对于装配参考的位置是系统自动判断的依据。例如：图 3.5（a）中元件参考相对于装配参考有一个角度偏移，系统自动为两个面匹配的是"角度偏移"约束；图 3.5（b）中元件参考中的平面与装配参考前表面平行，系统自动为两个面匹配的是"重合"或"平行"。

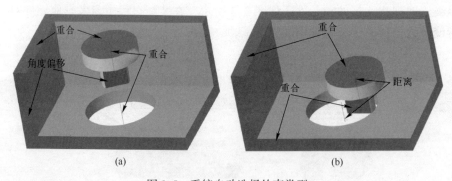

图 3.5　系统自动选择约束类型

2. 距离

约束元件参考上的点、线、面到装配参考上点、线、面的距离。如图 3.6 所示，测量时距离可以是同向距离，也可以是异向距离。

3. 角度偏移

以某一角度将元件参考定位至装配参考，参考包括平面、基准平面、边、线、基准轴等。如图 3.7 所示，角度偏移可以是正向，也可以是反向。

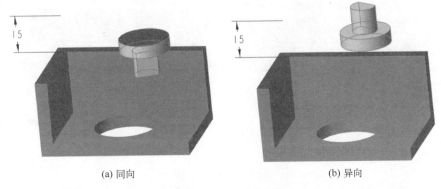

(a) 同向　　　　　　　　　　　　(b) 异向

图 3.6　距离约束

(a) 正向　　　　　　　　　　　　(b) 反向

图 3.7　角度偏移约束

4. 平行

将元件参考定向为与装配参考平行，参考包括平面、基准平面、边、线、基准轴。如图 3.8 所示，平行可以是正向，也可以是反向。

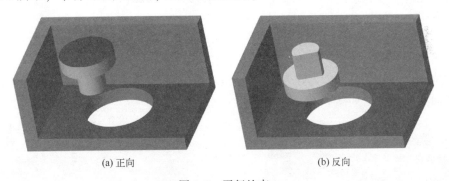

(a) 正向　　　　　　　　　　　　(b) 反向

图 3.8　平行约束

5. 重合

将元件参考定位为与装配参考重合，参考包括平面、基准平面、边、线、基准轴。如图 3.9 所示，重合可以是正向，也可以是反向。

6. 法向

如图 3.10 所示，将元件参考定位为与装配参考垂直，参考包括平面、基准平面、边、线、基准轴。

(a) 正向　　　　　　　　　　　　　(b) 反向

图 3.9　重合约束

7. 共面

如图 3.11 所示，将元件参考定位为与装配参考共面，可以设置为共面约束的包括点与平面、边与面、边与边。

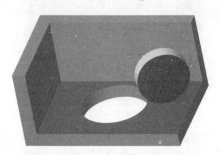
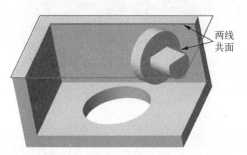

图 3.10　法向约束　　　　　　　　图 3.11　共面约束

8. 居中

居中元件参考和装配参考，如图 3.12 所示。如果是圆柱面与圆柱面居中，则轴线对齐，剩余一个旋转自由度；如果是坐标系居中，则两坐标系原点重合，剩余三个旋转自由度。

9. 相切

定位元件参考和装配参考，使其彼此相对时的接触点为切点，参考包括平面与曲面、曲面与曲面等，如图 3.13 所示。

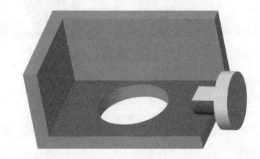

图 3.12　居中约束　　　　　　　　图 3.13　相切约束

10. 固定

将被移动或封装的元件固定到当前位置。

11. 默认

用默认的装配坐标系对齐元件坐标系。一般装配第一个零件时会使用默认约束。

3.3 连接装配

连接装配可以确定元件在装配件中的运动方式，能实现特定的运动。使用连接装配，不仅可以进行活动元件的运动仿真模拟，还可以进行动干涉检查。

Creo 9.0中的连接装配包括"共性""销""滑块""圆柱""平面""球""焊缝""轴承""常规""6DOF""万向""槽"12种类型，如图3.14所示。

下面通过图例简单讲解这些放置约束装配类型

图3.14 连接装配

1. 刚性

两个元件固定在一起，自由度为0。

刚性连接中的连接元件和附着元件间没有任何相对运动，创建刚性连接时，可以添加各种普通的装配约束。无论约束是否使元件完全定义，完成后的元件始终与附着元件相对固定。如图3.15所示，刚性连接不提供平移自由度和旋转自由度。

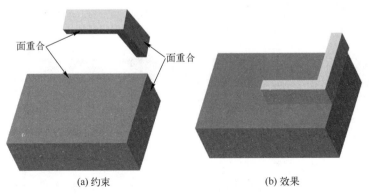

图3.15 刚性连接

2. 销

元件可绕轴线旋转，旋转自由度为1，平移自由度为0。

销连接的连接元件可以绕轴旋转，但不能平移。如图3.16所示，销连接装配包含旋转移动轴和平移约束，即需要选取一对轴线、边或柱面设置轴对齐约束来定义旋转轴，还需要一对平面对齐约束或点对齐约束约束连接元件的平移。

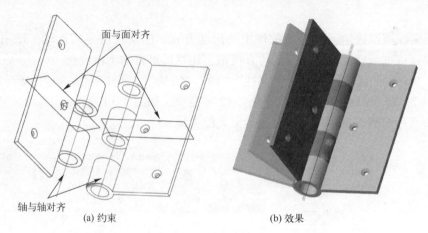

图 3.16 销连接

3. 滑块

元件可以沿配合方向进行平移，旋转自由度为0，平移自由度为1。

滑块连接的连接元件可以沿着轴线移动，但不能绕轴线旋转。如图3.17所示，滑块连接包含平移移动轴和旋转约束，即需要选取一对轴线、边或柱面设置轴对齐约束以定义移动方向，还需要设置一对平面对齐约束，以限制连接元件绕轴线旋转。

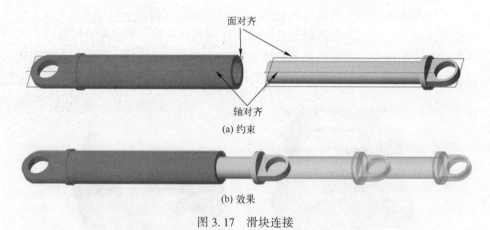

图 3.17 滑块连接

4. 圆柱

元件可以相对于配合轴线同时进行平移和旋转，旋转自由度为1，平移自由度为1。

如图3.18所示，创建圆柱连接只需要一个轴对齐约束。

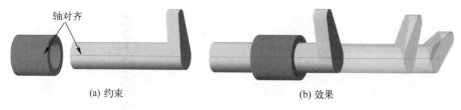

图 3.18 圆柱连接

5. 平面

元件可以在配合平面上进行平移,并可以绕配合平面法向轴进行旋转,旋转自由度为 1,平移自由度为 2。

如图 3.19 所示,平面连接只需要一个平面对齐约束。

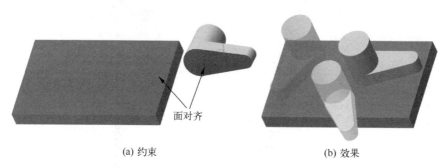

图 3.19 圆柱连接

6. 球

元件可以绕配合点进行空间旋转,旋转自由度为 3,平移自由度为 0。

如图 3.20 所示,球连接可以绕约束点的任意方向进行旋转,只需要一个点约束。

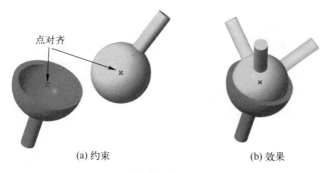

图 3.20 球连接

7. 焊缝

两个元件按指定坐标系固定在一起,自由度为 0。

如图 3.21 所示,焊缝连接将两个元件黏接在一起,只能是坐标系对齐约束,包含一个坐标系和一个偏距值,将元件"焊接"在相对于装配元件的一个固定位置上。

8. 轴承

元件可以绕配合点进行空间旋转,也可以沿指定方向平移,旋转自由度为 3,平移自由度为 1。

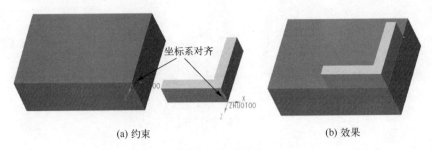

(a) 约束　　　　　　　　　　　　(b) 效果

图 3.21　焊缝连接

如图 3.22 所示，轴承连接是球连接和滑块连接的组合，需要指定一个点与边线或轴进行对齐，这样允许元件沿直线轨迹进行旋转。

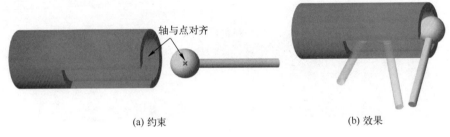

(a) 约束　　　　　　　　　　　　(b) 效果

图 3.22　轴承连接

9. 常规

元件连接是自定义约束集，自由度根据约束结果判定。

如图 3.23 所示创建常规连接时可以在元件中添加距离、重合等约束，根据约束的不同自由实现元件间旋转、平移等运动。

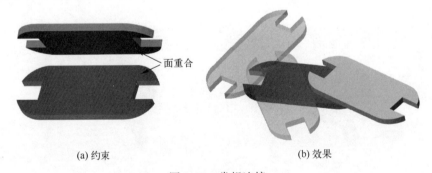

(a) 约束　　　　　　　　　　　　(b) 效果

图 3.23　常规连接

10. 6DOF

元件可以在任何方向上平移及旋转，旋转自由度为 3，平移自由度为 3。

如图 3.24 所示，创建 6 自由度（6DOF）需要选择两个基准坐标系作为参考，系统会对齐这两个坐标系，并使用 X、Y、Z 轴作为连接元件的运动轴，可绕其旋转和移动。

11. 万向

元件可以绕配合坐标系的原点进行空间旋转，旋转自由度为 3，平移自由度为 0。

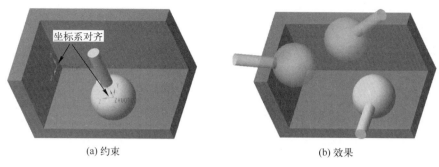

图 3.24　6DOF 连接

如图 3.25 所示,创建万向连接需要指定零件上的坐标系和装配中的坐标系,元件允许绕枢轴各个方向旋转。

图 3.25　万向连接

12. 槽

元件上的某点沿曲线运动。如图 3.26 所示,槽连接可以使元件上一点始终在另一元件的一条曲线上运动。点可以是基准点或顶点,曲线可以是二维曲线或三维曲线。创建槽连接约束需要选取一个点和一条曲线。

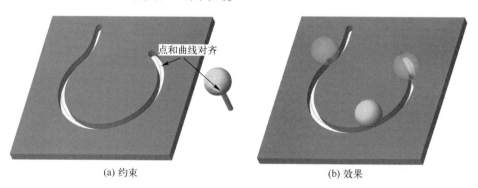

图 3.26　槽连接

3.4　挠性体装配

在产品装配中,有一类零件的装配比较特殊,这类零件具有一定的"柔性",即其形状会随着空间或受力的变化而变化,比较典型的就是弹簧零件。

在 Creo 中，可以方便地进行柔性零件的装配，并定义其不同状态。若在装配中应用挠性零件，则首先要对零件进行挠性定义。

挠性零件定义，如下：

1. 在零件环境中定义挠性零件

在零件环境中可以定义挠性零件，具体操作如下：

（1）单击快捷菜单栏中的"打开"，选择需要设置挠性的零件并打开。

（2）单击"文件"选项卡中的"准备"下的"模型属性"命令，打开如图 3.27 所示"模型属性"对话框。

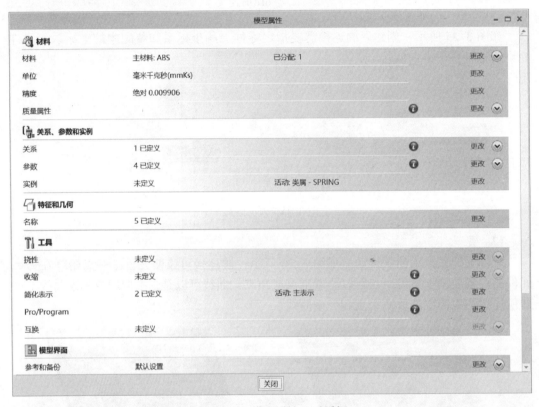

图 3.27 "模型属性"对话框

（3）查找至"模型属性"对话框中"工具"栏下的"挠性"行，单击其后的"更改"命令，弹出"绕性：准备可变项"对话框。

（4）单击对话框中的"定义挠性模型设置尺寸"，然后在模型树中选择需要设置挠性的尺寸、特征、几何公差、参数和表面粗糙度等。

（5）在"挠性：准备可变项"对话框中单击"确定"按钮，返回"模型属性"对话框。

（6）单击"模型属性"对话框中的"关闭"。

2. 在装配时边装配边定义挠性零件

在装配环境中也可以定义挠性零件，具体操作如下：

（1）单击快捷菜单栏中的"打开"，选择需装配挠性零件的组件并打开。

(2)单击"模型"选项卡中"组装"的向下箭头,选择其中"挠性",在弹出的"打开"对话框汇总选择要装配的零件,弹出如图 3.28 所示"可变项"对话框。

(3)在"可变项"对话框中,选择需要柔性化的尺寸、特征、几何公差、参数、表面粗糙度和材料等进行挠性定义。

(4)对零件进行约束定义,完成装配。

3. 在已完成的装配组件中定义挠性零件

已存在的装配组件中也可以重新定义挠性零件,具体操作如下:

(1)单击快捷菜单栏中的"打开",选择装配组件并打开。

(2)在左侧模型树中选中需要挠性化的元件,单击"模型"选项卡中"元件"旁边的向下箭头,单击"挠性化",弹出零件挠性化定义的对话框,其设置过程与上类似,就不再赘述。

图 3.28 "可变项"对话框

3.5 装配实例

3.5.1 约束装配

1. 伞齿轮组件装配

本实例要创建的伞齿轮组件如图 3.29 所示,采用了约束装配中的平行、重合、距离等命令。

图 3.29 伞齿轮组件

步骤一：新建装配 gear.asm
（1）将工作目录设为"第三章-GEAR"。
（2）在"文件"选项卡中单击"新建"，弹出"新建"对话框。
（3）在"类型"选项组中选"装配"，"子类型"选项组中选"设计"，"名称"文本框中输入 gear，不勾选"使用默认模板"复选框，单击"确定"。
（4）在"新文件选项"卡中，"模板"选"空"，单击"确定"进入装配设计模式。

步骤二：装配第一个元件 bracket.prt
（1）单击"模型"
（2）选项卡中的"组装"。
（3）选择 bracket.prt，单击"打开"。

步骤三：装配第二个元件 bushing.prt
（1）单击"模型"选项卡中的"组装"。
（2）选择 bushing.prt，单击"打开"。
（3）在"放置"选项卡上，为 bushing 零件添加如图 3.30 所示。

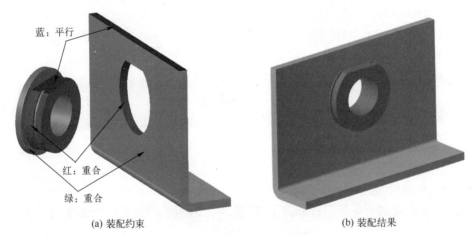

(a) 装配约束　　　　　　　　　　(b) 装配结果

图 3.30　装配 bushing 元件

步骤四：装配第三个元件 ring.prt
（1）单击"模型"选项卡中的"组装"。
（2）选择 ring.prt，单击"打开"。
（3）在"放置"选项卡上，为 ring 零件添加装配约束，如图 3.31 所示。

步骤五：装配第四个元件 master_shaft.prt
（1）单击"模型"选项卡中的"组装"。
（2）选择 master_shaft.prt，单击"打开"。
（3）在"放置"选项卡上，为 master_shaft 零件添加装配约束，如图 3.32 所示。

步骤六：装配第五个元件 gear.prt
（1）单击"模型"选项卡中的"组装"。
（2）选择 gear.prt，单击"打开"。

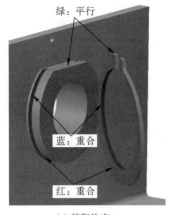 

图 3.31 装配 ring 元件

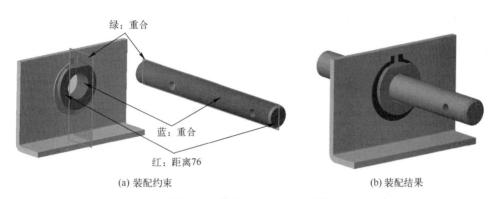

图 3.32 装配 master_shaft 元件

(3) 在"放置"选项卡上,为 gear 零件添加装配约束,如图 3.33 所示。

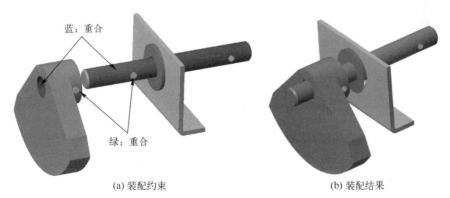

图 3.33 装配 gear 元件

步骤七:装配第六个元件 crank.prt

(1) 单击"模型"选项卡中的"组装"。
(2) 选择 crank.prt,单击"打开"。
(3) 在"放置"选项卡上,为 crank 零件添加装配约束,如图 3.34 所示。

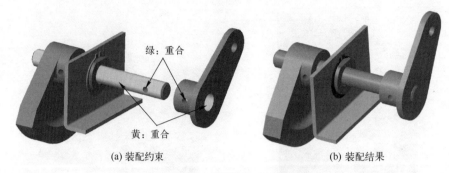

图 3.34 装配 crank 元件

步骤八：检查装配干涉并消除干涉

(1) 单击"分析"选项卡下"检查几何"组中的"全局干涉" 。

(2) 在"全局干涉"卡中选"仅零件"和"精确"，单击"预览（P）"，显示装配件上有图 3.35 所示的两个干涉，分别是 bushing 零件和 ring 零件间有干涉，master_shaft 零件和 crank 零件间有干涉。

(3) 在模型树上单击 crank 零件，在弹出的菜单中选择"打开" ，如图 3.36 所示将下方孔的尺寸从 $\phi10$ 变成 $\phi17$。单击"保存" 后关闭 crank 零件，返回 gear.asm。

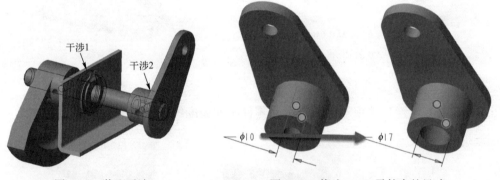

图 3.35 装配干涉　　　　图 3.36 修改 crank 零件中的尺寸

(4) 单击"分析"选项卡下"检查几何"组中的"全局干涉" 。单击"预览（P）"，显示装配件上只有一个 bushing 零件和 ring 零件间的干涉，master_shaft 零件和 crank 零件间的干涉已消除。

(5) 打开 ring 零件，如图 3.37 所示将内圈直径从 $\phi32.3$ 变成 $\phi32.8$，消除 master_shaft 零件和 crank 零件间的干涉。

2. 替换刹车组件里的刹车盘元件

本实例要将刹车组件里的刹车盘（图 3.38），从实心的更换为空心的，采用创建互换元件、使用互换组件替换元件等命令。

步骤一：新建装配 disk.asm

(1) 将工作目录设为"第三章-BRAKE"。

(2) 在"文件"选项卡中单击"新建" ，弹出"新建"对话框。

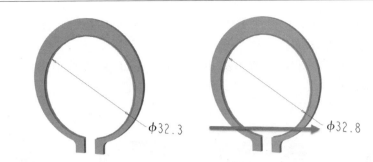

图 3.37 修改 ring 零件尺寸

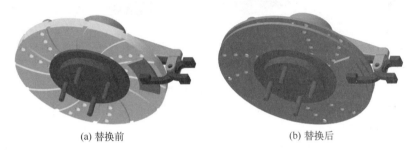

(a) 替换前　　　　　　　　(b) 替换后

图 3.38 刹车盘组件

（3）在"类型"选项组中选"装配"，"子类型"选项组中选"互换"，"名称"文本框中输入 disk，单击"确定"按钮。

步骤二：创建互换元件组

（1）单击"模型"选项卡中的"功能"，选择 disk_brake_solid.prt，单击"打开"。

（2）单击"模型"选项卡中的"功能"，选择 disk_brake_hollow.prt，单击"打开"。

（3）为 disk_brake_hollow.prt 选择合适的约束，如图 3.39 所示。

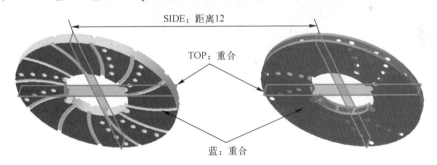

图 3.39 互换元件组约束

步骤三：设置装配约束

（1）单击"模型"选项卡中的"参考配对表"，打开"参考配对表"框。

（2）"启用的元件"选 disk_brake_solid.prt。

（3）单击"根据装配创建标记"后的，选择 brake_hub.asm，单击"打开"。

（4）"要配对的元件"选择 disk_brake_hollow.prt。

（5）单击"创建所需的标记"，"参考配对表"中出现 TAG0 和 TAG1 两个标记。

（6）单击 TAG0，如图 3.40 所示从 disk_brake_solid.prt 前表面引出锚点，将其拖至 disk_brake_hollow.prt 前表面。

（7）单击 TAG1，如图 3.41 所示从 disk_brake_solid.prt 轴线引出锚点，将其拖至 disk_brake_hollow.prt 轴线。

（8）单击"确定"按钮。

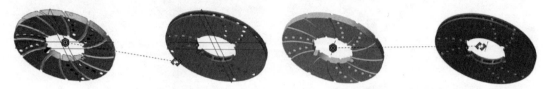

图 3.40　设置 TAG0　　　　　　图 3.41　设置 TAG1

步骤四：使用互换组件自动替换元件

（1）单击"打开"，选择 brake_hub.asm，打开文件。

（2）在模型树上选择 disk_brake_solid.prt，右键弹出选择菜单，单击其中的"替换选定元件或 UDF"。

（3）在打开的"替换"框中，单击"选择新元件"下的，单击 disk_brake_hollow.prt，单击"确定"按钮。

（4）单击"确定"按钮，元件替换结果如图 3.42 所示。

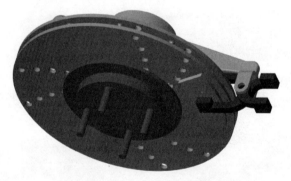

图 3.42　元件替换结果

3.5.2　连接装配

1. 球阀装配

本实例要采用约束装配和连接装配组装球阀如图 3.43 所示，不但采用重合、距离等约束装配命令，还采用球连接、平面连接、圆柱连接等连接约束和重复装配命令。

步骤一：新建装配 ball_valve.asm

（1）将工作目录设为"第三章-BALL_VALVES"。

（2）在"文件"选项卡中单击"新建"，弹出"新建"对话框。

（3）在"类型"选项组中选"装配"，"子类型"选项组中选"设计"，"名称"文本框中输入 ball_valve，不勾选"使用默认模板"复选框，单击"确定"按钮。

（4）在"新文件选项"卡中，"模板"选"空"，单击"确定"按钮进入装配设计

图 3.43 球阀

模式。

(5) 单击"文件"-"准备"-"模型属性"，单击"单位"后面的"更改"打开"单位管理器"，单击"毫米、牛顿、秒（mm、N、s）"，单击"设置"，在弹出的"更改模型单位"中，选择"转换尺寸"，单击"确定"按钮。

步骤二：装配第一个元件 bonnet.prt

(1) 单击"模型"选项卡中的"组装"。

(2) 选择 bonnet.prt，单击"打开"。

步骤三：装配第二个元件 seat.prt

(1) 单击"模型"选项卡中的"组装"。

(2) 选择 seat.prt，单击"打开"。

(3) 在"放置"选项卡上，为 seat 零件添加如图 3.44 所示的装配约束，单击✓。

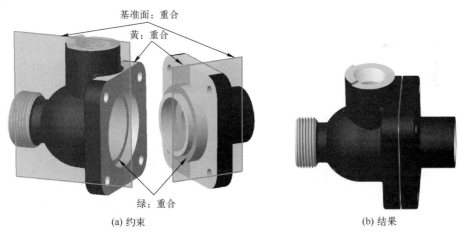

(a) 约束　　　　　　　　　　　　　　(b) 结果

图 3.44 约束装配 seat 零件

(4) 在模型树上单击 seat.prt，在弹出的菜单中单击，隐藏 seat 零件。

步骤四：装配第三个元件 gasket.prt

(1) 单击"模型"选项卡中的"组装"。

(2) 选择 gasket.prt，单击"打开"。

(3) 在"放置"选项卡上，为 gasket 零件添加如图 3.45 所示的装配约束，单击✓。

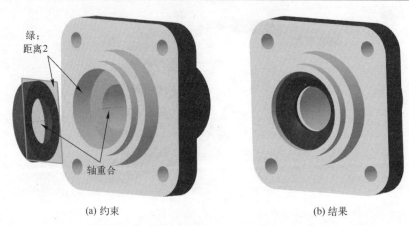

(a) 约束　　　　　　　　　　　　　(b) 结果

图 3.45　约束装配 gasket 零件

步骤五：装配第四个元件 stem.prt
（1）单击"模型"选项卡中的"组装" 。
（2）选择 stem.prt，单击"打开"。
（3）在模型树上单击 seat.prt，在弹出的菜单中单击 ，显示 seat 零件。
（4）"约束"选项卡上的"连接类型"选择"圆柱" ，选择 stem 零件的轴线与 seat 零件轴线对齐。单击 。
（5）单击"模型"选项卡中"拖动元件" ，选择 stem 零件上任意点、边、面拖动 stem 零件，结果如图 3.46 所示。stem 零件具有 1 个绕轴转动的自由度和 1 个沿轴移动的自由度。

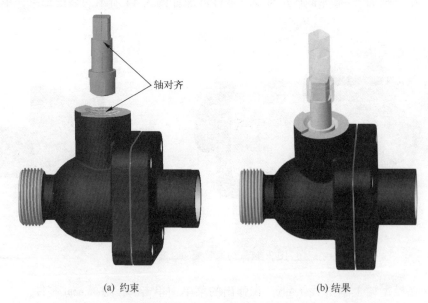

(a) 约束　　　　　　　　　　　　　(b) 结果

图 3.46　约束装配 gasket 零件

步骤六：装配第五个元件 ball.prt
（1）单击"模型"选项卡中的"组装" 。

(2) 选择 ball.prt，单击"打开"。

(3) 在模型树上单击 seat.prt，在弹出的菜单中单击，隐藏 seat 零件。

(4) "约束"选项卡上的"连接类型"选择"球"，选择 ball 零件上的点与 gasket 零件上的点对齐。

(5) 单击"放置"选项卡下的"新建集"，然后"约束"选项卡上的"连接类型"选择"平面"，约束类型为"距离"，选择 ball 零件上的平面与 stem 零件上的平面距离为 14，如图 3.47（a）所示。

(6) 单击"放置"选项卡下的"新建集"，然后"约束"选项卡上的"连接类型"选择"常规"，约束类型为"平行"，选择 ball 零件上的面组与 stem 零件上的面组平行，单击。

(7) 单击"模型"选项卡中"拖动元件"，选择 stem 零件上任意点、边、面拖动 stem 零件，结果如图 3.47（b）所示。stem 零件具有 1 个绕轴转动的自由度和 1 个沿轴移动的自由度。

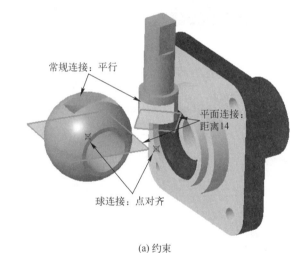

(a) 约束

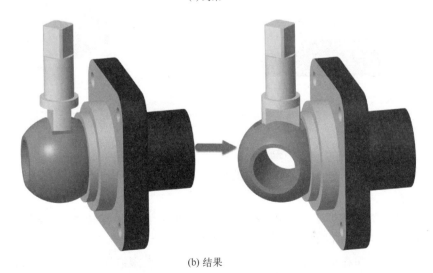

(b) 结果

图 3.47 约束装配 ball 零件

步骤七：装配第六个元件 set.prt

(1) 单击"模型"选项卡中的"组装"。

(2) 选择 set.prt，单击"打开"。

(3) 在模型树上单击 seat.prt，在弹出的菜单中单击，显示 seat 零件。

(4) 在"放置"选项卡上，为 set 零件添加如图 3.48 所示的装配约束，单击。

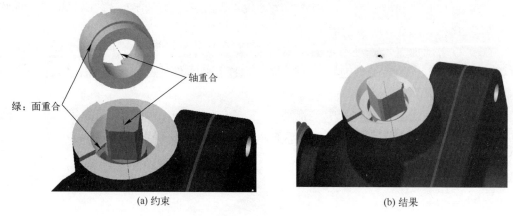

(a) 约束　　　　　　　　　　　　　(b) 结果

图 3.48　约束装配 set 零件

步骤八：装配第七个元件 wrench.prt

(1) 单击"模型"选项卡中的"组装"。

(2) 选择 wrench.prt，单击"打开"。

(3) 在"放置"选项卡上，为 wrench 零件添加如图 3.49 所示的装配约束，单击。

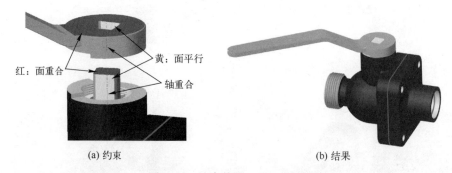

(a) 约束　　　　　　　　　　　　　(b) 结果

图 3.49　约束装配 wrench 零件

步骤九：为元件 stem.prt 设置旋转范围

(1) 单击模型树中的 stem，在弹出的菜单中单击"编辑定义"，打开"元件放置"选项卡。

(2) 在"放置"选项组中，单击"圆柱"连接下的"旋转轴"，如图 3.50（a）选择 stem 元件上的 RIGHT 面和 seat 元件上的 RIGHT 面，在"当前位置"中输入 -180，勾选"最小限制"并在框中输入"-180"，勾选"最大限制"并在框中输入"-90"，单击。

(3)单击"模型"选项卡中"拖动元件"，选择 wrench 零件上任意点、边、面拖动 wrench 零件，结果如图 3.50（b）所示。

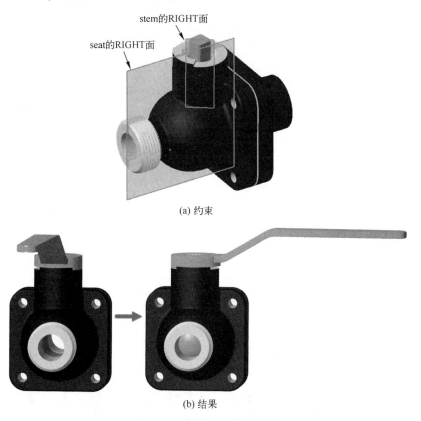

图 3.50 定义 stem 旋转范围

步骤十：装配第八个元件 double-screw_bolt.prt

(1)单击"模型"选项卡中的"组装"。

(2)选择 double-screw_bolt.prt，单击"打开"。

(3)在模型树上单击 seat.prt，在弹出的菜单中单击，隐藏 seat 零件。

(4)在"放置"选项卡上，为 double-screw_bolt 零件添加如图 3.51 所示的装配约束，单击。

(5)在模型树上单击 seat.prt，在弹出的菜单中单击，显示 seat 零件。

步骤十一：重复装配 double-screw_bolt.prt

(1)在模型树上选择 double-screw_bolt.prt，单击"模型"选项卡中的"重复"，打开"重复元件"对话框。

(2)在"重复元件"对话框中，选中轴重合的项，单击"添加"，在模型上依次选择如图 3.52 所示的三根轴。单击"确定"按钮。

步骤十二：装配第九个元件 nuts.prt

(1)单击"模型"选项卡中的"组装"。

(2)选择 nuts.prt，单击"打开"。

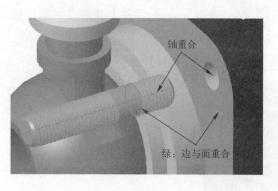 

(a) 约束　　　　　　　　　　　　　(b) 结果

图 3.51　约束装配 double-screw_bolt 零件

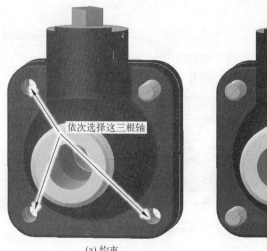 

(a) 约束　　　　　　　　　　　　　(b) 结果

图 3.52　重复装配 double-screw_bolt 零件

(3) 在"放置"选项卡上,为 nuts 零件添加如图 3.53 所示的装配约束,单击✔。

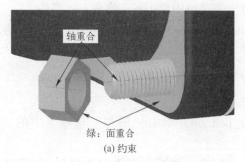 

(a) 约束　　　　　　　　　　　　　(b) 结果

图 3.53　约束装配 double-screw_bolt 零件

步骤十三：重复装配 nuts.prt

(1) 在模型树上选择 nuts.prt,单击"模型"选项卡中的"重复"↻,打开"重复元件"对话框。

(2) 在"重复元件"对话框中,选中轴重合的项,单击"添加",在模型上依次选择如图3.54所示的三根轴。单击"确定"按钮。

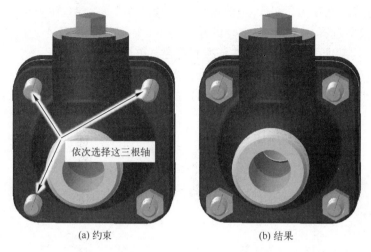

(a) 约束　　　　　　　　　(b) 结果

图3.54　重复装配nuts零件

2. 气缸活塞装配组件

本实例要采用连接装配组装气缸活塞组件如图3.55所示,主要采用销连接、滑块连接,并学习如何创建装配级切口。

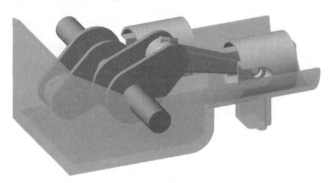

图3.55　气缸活塞组件

步骤一：新建装配piston.asm
(1) 将工作目录设为"第三章-PISTON"。
(2) 在"文件"选项卡中单击"新建"，弹出"新建"对话框。
(3) 在"类型"选项组中选"装配"，"子类型"选项组中选"设计"，"名称"文本框中输入piston，不勾选"使用默认模板"复选框，单击"确定"按钮。
(4) 在"新文件选项"卡中，"模板"选"空"，单击"确定"按钮进入装配设计模式。

步骤二：装配第一个元件block.prt
(1) 单击"模型"选项卡中的"组装"。
(2) 选择block.prt，单击"打开"。

步骤三：装配第二个元件 crankshaft.prt

（1）单击"模型"选项卡中的"组装"，选择 crankshaft.prt，单击"打开"。

（2）"约束"选项卡上的"连接类型"选择"销"，如图 3.56（a）所示，在"轴对齐"约束中选择 crankshaft 零件的轴线与 block 零件轴线对齐，在"平移"选择 crankshaft 零件的基准面与 block 零件基准面重合。单击 ✔。

（3）单击"模型"选项卡中"拖动元件"，选择 crankshaft 零件上任意点、边、面拖动 crankshaft 零件，结果如图 3.56（b）所示。crankshaft 零件具有 1 个绕轴转动的自由度。

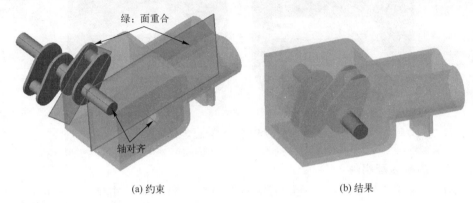

图 3.56 装配 crankshaft 零件

步骤四：创建装配级切口

（1）单击"模型"选项卡中的"拉伸"，选择 block 零件的 SIDE 面为草绘面，参考方向为 TOP 面向上，删除已有参考，增加如图 3.57（a）所示左、右端面和轴线为参考，草绘截面。单击 ✔。

（2）"拉伸"选项卡中，默认选择"移除材料"，"选项"卡中，侧 1 深度为"穿透"，侧 2 深度为"穿透"。"相交"卡中，不勾选"自动更新"复选框，选择 crankshaft.prt，右键选择"移除"。

（3）单击 ✔，结果如图 3.57（b）所示。

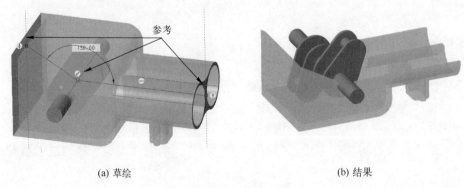

图 3.57 装配级切口

步骤五：装配第三个元件 piston.prt

(1) 单击"模型"选项卡中的"组装"，选择 piston.prt，单击"打开"。

(2) "约束"选项卡上的"连接类型"选择"滑块"，如图 3.58（a）所示，在"轴对齐"约束中选择 piston 零件的轴线与 block 零件轴线对齐，在"旋转"选择 piston 零件的基准面与 block 零件基准面重合。单击✔。

(3) 单击"模型"选项卡中"拖动元件"，选择 piston 零件上任意点、边、面拖动 piston 零件，结果如图 3.58（b）所示，piston 零件具有 1 个沿轴移动的自由度。

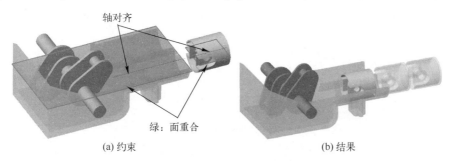

(a) 约束　　　　　　　　　　(b) 结果

图 3.58　装配 piston 零件

步骤六：装配第四个元件 rod.prt

(1) 单击"模型"选项卡中的"组装"，选择 rod.prt，单击"打开"。

(2) "约束"选项卡上的"连接类型"选择"销"，如图 3.59（a）所示，在"轴对齐"约束中选择 rod 零件的轴线与 piston 零件轴线对齐，在"平移"选择 rod 零件的基准面与 piston 零件基准面重合。右侧与 piston 零件约束结果如图 3.59（b）所示。

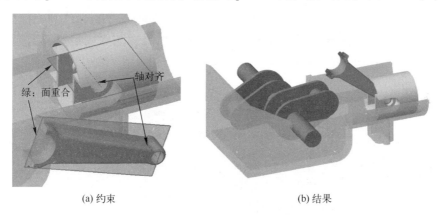

(a) 约束　　　　　　　　　　(b) 结果

图 3.59　装配 rod 零件右侧约束

(3) 在"元件放置"选项卡的"放置"组下，单击"新建集"，"集类型"选择"销"，如图 3.60（a）所示，在"轴对齐"约束中选择 rod 零件的轴线与 crankshaft 零件轴线对齐，在"平移"选择 rod 零件的基准面与 crankshaft 零件基准面重合。单击✔，左侧与 crankshaft 零件约束结果如图 3.60（b）所示。

(4) 单击"模型"选项卡中"拖动元件"，选择 rod 零件上任意点、边、面拖动 rod 零件，结果如图 3.61 所示，rod 零件具有 1 个绕轴转动的自由度。

步骤七：装配第四个元件 rod_cap.prt

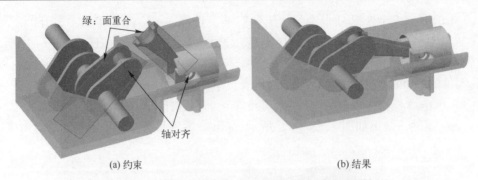

图 3.60 装配 rod 零件左侧约束

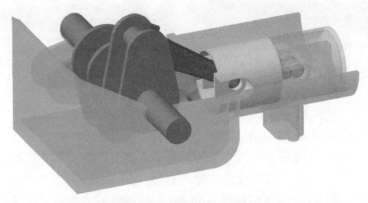

图 3.61 完整装配 rod 零件

(1) 单击"模型"选项卡中的"组装"，选择 rod_cap.prt，单击"打开"。

(2) 在"放置"选项卡上，为 rod_cap 零件添加如图 3.62 所示的装配约束，单击 ✔。

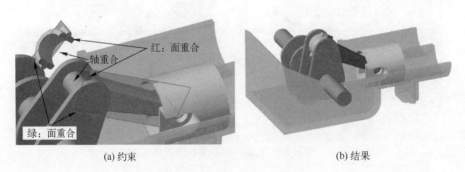

图 3.62 装配 rod_cap 零件

步骤八：用同样的方法装配另一侧的活塞、连杆和连杆端盖

(1) 单击"模型"选项卡中的"组装"，如图 3.63 所示依次在曲轴另一支装配活塞、连杆和连杆端盖。

(2) 单击"模型"选项卡中"拖动元件"，拖动除缸体外的任意元件，观察气缸活塞组件的运动情况。

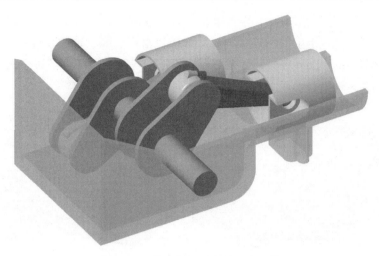

图 3.63 装配气缸活塞另一支组件

3. 机器虎钳装配

本实例要采用连接装配组装机器虎钳如图 3.64 所示,主要采用销连接、滑块连接,并学习如何创建螺纹连接。

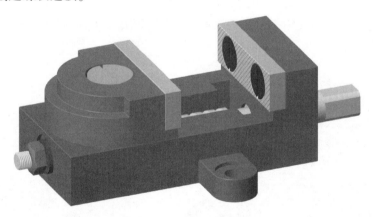

图 3.64 机器虎钳

步骤一:新建装配 machine_vice.asm

(1) 将工作目录设为"第 3 章-MACHINE_VICE"。

(2) 在"文件"选项卡中单击"新建" ,弹出"新建"对话框。

(3) 在"类型"选项组中选"装配","子类型"选项组中选"设计","名称"文本框中输入 machine_vice,不勾选"使用默认模板"复选框,单击"确定"按钮。

(4) 在"新文件选项"卡中,"模板"选"空",单击"确定"按钮进入装配设计模式。

步骤二:装配第一个元件 seat.prt

(1) 单击"模型"选项卡中的"组装" 。

(2) 选择 seat.prt,单击"打开"。

步骤三:装配第二个元件 square_nut.prt

(1)单击"模型"选项卡中的"组装"图,选择square_nut.prt,单击"打开"。

(2)"约束"选项卡上的"连接类型"选择"滑块"图,如图3.65所示,在"轴对齐"约束中选择square_nut零件的轴线与seat零件轴线对齐,在"平移"选择square_nut零件的基准面与seat零件基准面重合。单击√。

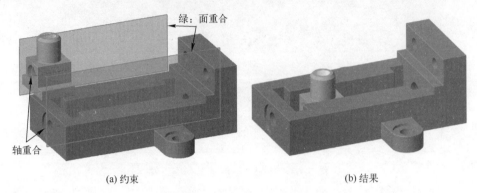

(a)约束　　　　　　　　　　　　(b)结果

图 3.65　装配 square_nut 零件

步骤四:装配第三个元件 gasket.prt
(1)单击"模型"选项卡中的"组装"图,选择gasket.prt,单击"打开"。
(2)在"放置"选项卡上,为gasket零件添加如图3.66所示的装配约束,单击√。

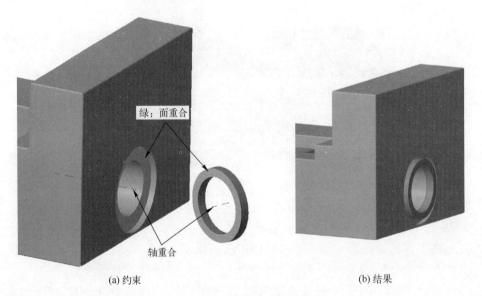

(a)约束　　　　　　　　　　　　(b)结果

图 3.66　装配 gasket 零件

步骤五:装配第四个元件 screw_stem.prt
(1)单击"模型"选项卡中的"组装"图,选择screw_stem.prt,单击"打开"。
(2)"约束"选项卡上的"连接类型"选择"销"图,如图3.67所示,在"轴对齐"约束中选择screw_stem零件的轴线与seat零件轴线对齐,在"平移"选择screw_stem零件的面与gasket零件端面重合,单击"确定"按钮。

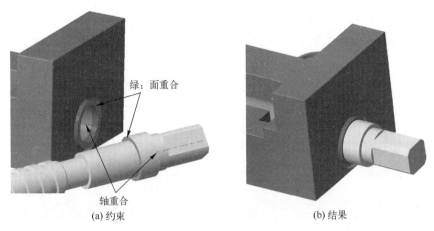

图 3.67 screw_stem "销" 连接

（3）在"元件放置"选项卡的"放置"组下，单击"新建集"，在"连接类型"中选"槽"，选择 screw_stem 上的点与 square_nut 上的曲线重合，结果如图 3.68 所示。单击✔。

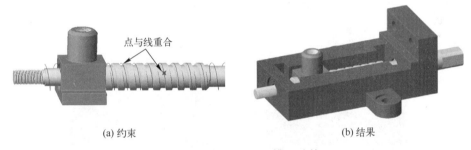

图 3.68 screw_stem "槽" 连接

步骤六：装配第五个元件 protective_shield.prt

（1）单击"模型"选项卡中的"组装"，选择 protective_shield.prt，单击"打开"。

（2）在"放置"选项卡上，为 protective_shield 零件添加如图 3.69 所示的装配约束，单击✔。

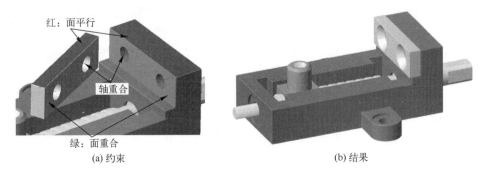

图 3.69 装配 protective_shield 零件

步骤七：装配第六个元件 bolt.prt

(1) 单击"模型"选项卡中的"组装"，选择 bolt.prt，单击"打开"。

(2) 在"放置"选项卡上，为 bolt 零件添加如图 3.70 所示的装配约束，单击 。

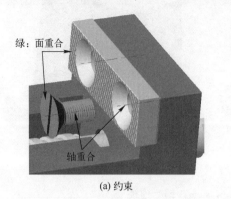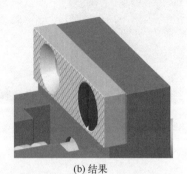

图 3.70 装配 bolt 零件

(3) 在模型树上选中 bolt 元件，单击"模型"选项卡下的"重复"，在弹出的"重复元件"选项卡中，选中"重合-A1-A2"，单击"添加"，在模型上选择 protective_shield 上的另外一根轴，单击"确定"按钮。重复装配结果如图 3.71 所示。

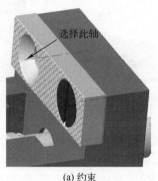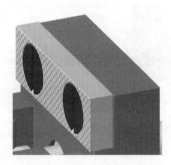

图 3.71 重复装配 bolt 零件

步骤八：新建组件 movable_jaw.asm

(1) 在"文件"选项卡中单击"新建"，弹出"新建"对话框。"类型"选"装配"，"名称"文本框中输入 machine_jaw，不勾选"使用默认模板"复选框，单击"确定"按钮。在"新文件选项"卡中，"模板"选"空"，单击"确定"按钮。

(2) 单击"模型"选项卡中的"组装"，选择 movable_jaw.prt，单击"打开"。

(3) 单击"模型"选项卡中的"组装"，选择 protective_shield.prt，为其添加如图 3.72 所示的约束。

(4) 单击"模型"选项卡中的"组装"，选择 bolt.prt，为其添加如图 3.73 所示的约束。

(5) 在模型树上选中 bolt 元件，单击"模型"选项卡下的"重复"，在弹出的"重复元件"选项卡中，选中"重合-A1-A2"，单击"添加"，在模型上选择 protective_shield 上的另外一根轴，单击"确定"按钮。

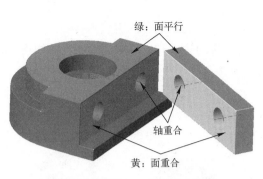
图 3.72 装配 protective_jaw 零件

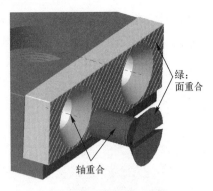
图 3.73 装配 bolt 零件

（6）movable_jaw.asm 的装配结果如图 3.74 所示。

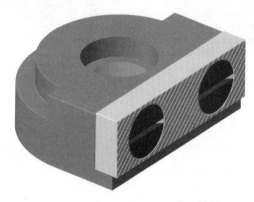
图 3.74 movable_jaw.asm 装配结果

步骤九：装配第七个组件 movable_jaw.asm

（1）单击"模型"选项卡中的"组装" ，选择 movable_jaw.asm 并打开。

（2）为 movable_jaw.asm 组件添加如图 3.75（a）所示的约束，单击 。装配结果如图 3.75（b）所示。

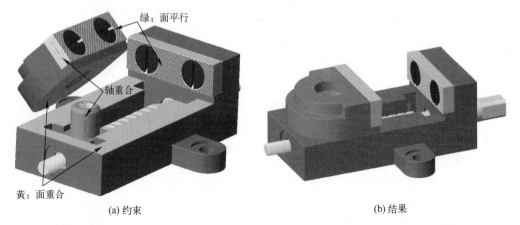

(a) 约束　　　　　　　　　　　　　(b) 结果

图 3.75 装配 movable_jaw.asm 组件

步骤十：装配第八个元件 screw.prt

（1）单击"模型"选项卡中的"组装"，选择 screw.prt 并打开。

（2）为 screw.prt 组件添加如图 3.76 所示的约束，单击。装配结果如图 3.76 所示。

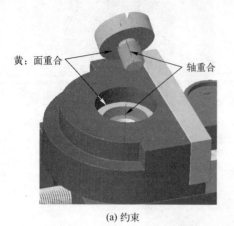

(a) 约束　　　　　　　　　　　　　　(b) 结果

图 3.76　装配 screw 零件（一）

步骤十一：装配第九个元件 gasket_sta.prt

（1）单击"模型"选项卡中的"组装"，选择 gasket_sta.prt 并打开。

（2）为 gasket_sta.prt 组件添加如图 3.77（a）所示的约束，单击。装配结果如图 3.77（b）所示。

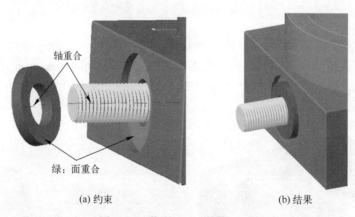

(a) 约束　　　　　　　　　　　　　　(b) 结果

图 3.77　装配 screw 零件（二）

步骤十二：装配第十个元件 nut.prt

（1）单击"模型"选项卡中的"组装"，选择 nut.prt 并打开。

（2）为 nut.prt 组件添加如图所示的约束，单击。装配结果如图 3.78 所示。

步骤十三：设置运动范围

（1）单击"模型"选项卡中"拖动元件"，选择 screw_stem 零件上任意点、边、面转动该零件，结果如图 3.79 所示，movable_jaw、square_nut 元件会一起联动，但是

第 3 章 机械装配设计

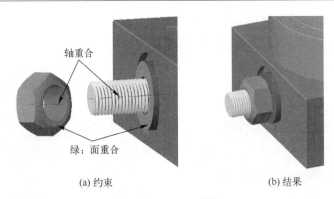

(a) 约束 (b) 结果

图 3.78 装配 screw 零件（三）

移动范围会与 seat 零件产生干涉，因此需要限定机器虎钳活动件的运动范围。

图 3.79 未限定范围前的干涉现象

（2）在模型树上选择 movable_jaw.asm 和 screw.prt，单击"隐藏" ，不显示这些元件。

（3）单击模型树上 square_nut.prt，在弹出的菜单中选择"编辑定义" 。

（4）单击"放置"组下"滑块"连接约束中的"平移轴"，如图 3.80 所示选择 seat 和 square_nut 上的两个面作为平移时测量距离的两个基准面。注意箭头指向的正方向为向左，因此勾选"最大限制"并输入数值 0。

（5）在模型树上选择 movable_jaw.asm 和 screw.prt，单击"显示" ，显示这些元件。

（6）单击"模型"选项卡中"拖动元件" ，将 movable_jaw.asm 拖动至如图 3.81 所示的最右侧位置。右击 square_nut 并选择"编辑定义" ，观察此时 square_nut 的位置数值，取整后勾选"最小限制"并填入数值框中。本例中填入 -64。

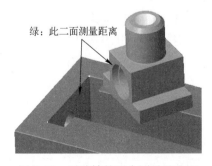

图 3.80 平移轴的两个测量基准面　　图 3.81 拖动并观察最右位置

117

（7）单击✓，单击"模型"选项卡中"拖动元件"，选择square_nut元件并拖动，其运动范围如图3.82所示，从而完成机器虎钳装配。

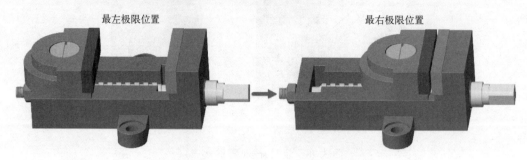

图3.82　限制square_nut的左、右极限位置

4. 开瓶器装配

本实例要采用约束装配和连接装配组装开瓶器如图3.83所示，主要采用了销连接、圆柱连接和齿轮齿条，并学习如何设置销连接的转动范围。

图3.83　开瓶器

步骤一：新建装配corkscrew.asm

（1）将工作目录设为"第3章-CORKSCREW"。

（2）在"文件"选项卡中单击"新建"，弹出"新建"对话框。

（3）在"类型"选项组中选"装配"，"子类型"选项组中选"设计"，"名称"文本框中输入corkscrew，不勾选"使用默认模板"复选框，单击"确定"按钮。

（4）在"新文件选项"卡中，"模板"选"空"，单击"确定"进入装配设计模式。

步骤二：装配第一个元件body.prt

（1）单击"模型"选项卡中的"组装"。

（2）选择body.prt，单击"打开"。

步骤三：装配第二个元件 gasket.prt

(1) 单击"模型"选项卡中的"组装"。

(2) 选择 gasket.prt，单击"打开"。

(3) 在"放置"选项卡上，为 gasket 零件添加如图 3.84 所示的装配约束，单击✓。

图 3.84　装配 gasket 零件

步骤四：装配第三个元件 handle.prt

(1) 单击"模型"选项卡中的"组装"，选择 handle.prt，单击"打开"。

(2) "约束"选项卡上的"连接类型"选择"销"，如图 3.85（a）所示，在"轴对齐"约束中选择 handle 零件的轴线与 body 零件轴线对齐，在"平移"选 handle 零件的基准面与 body 零件基准面重合。单击✓结果如图 3.85（b）所示。

(3) 以同样的方式装配另一侧的 handle 元件，结果如图 3.85（c）所示。

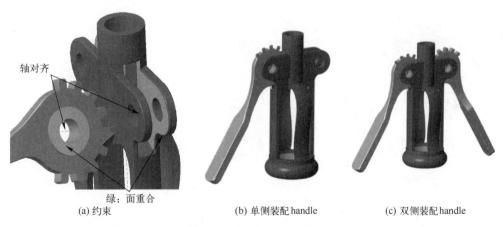

图 3.85　装配 handle 零件

步骤五：装配第四个元件 c1.prt

(1) 单击"模型"选项卡中的"组装"。

(2) 选择 c1.prt，单击"打开"。

(3) 在"放置"选项卡上，为 c1 零件添加如图 3.86（a）所示的装配约束，单击✓。

(4) 在模型树上选择 c1.prt，单击"模型"选项卡中的"重复"，打开"重复元件"对话框,选中轴重合的项,单击"添加",在模型上 body 元件上另一个孔的轴线,单击"确定",如图 3.86 所示。

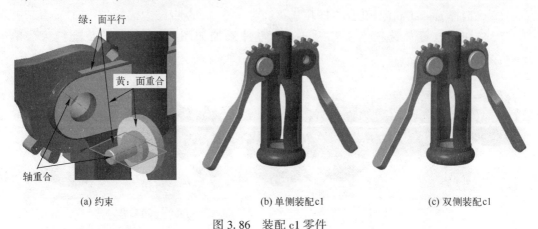

图 3.86 装配 c1 零件

步骤六:装配第五个元件 cep.prt

(1) 单击"模型"选项卡中的"组装"。

(2) 选择 cep.prt,单击"打开"。

(3) 在"放置"选项卡上,为 cep 零件添加如图 3.87 所示的装配约束,单击✓。

(4) 在模型树上选择 cep.prt,单击"模型"选项卡中的"重复",打开"重复元件"对话框,选中轴重合的项,单击"添加",在模型上 body 元件上另一个孔的轴线,单击"确定"。

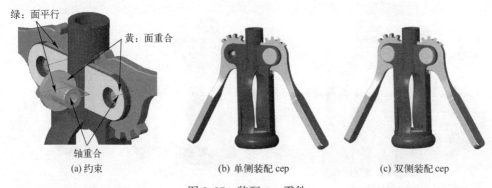

图 3.87 装配 cep 零件

步骤七:装配第六个元件 rotate.prt

(1) 单击"模型"选项卡中的"组装"。

(2) 选择 rotate.prt,单击"打开"。

(3) "约束"选项卡上的"连接类型"选择"圆柱",如图 3.88(a)所示选择 rotate 零件的轴线与 body 零件轴线对齐。单击✓,装配结果如图 3.88 所示。

步骤八:装配第七个元件 in.prt

(1) 单击"模型"选项卡中的"组装"。

(2) 选择 in.prt,单击"打开"。

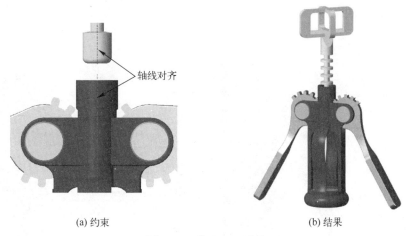

图 3.88 装配 cep 零件

（3）在"放置"选项卡上，为 in 零件添加如图 3.89（a）所示的装配约束，单击 ✓，装配结果如图 3.89（b）所示。

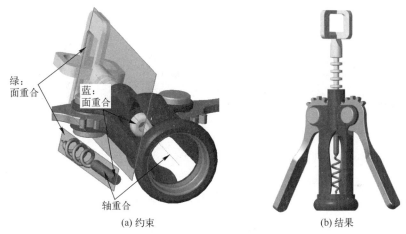

图 3.89 装配 in 零件

步骤九：为 handle 和 rotate 设置齿轮齿条连接

（1）单击"应用程序"选项卡中的"机构"，打开"齿轮副定义"对话框。

（2）"类型"选"齿条和小齿轮"，单击"小齿轮"选项卡中"运动轴"下方箭头，在模型中选择如图 3.90（a）所示的旋转连接轴 Connection_2.axis_1，"小齿轮"项中"主体 1"为左侧 handle 元件，"节圆"直径为 1。

（3）单击"齿条"选项卡中"运动轴"下方箭头，在模型中选择如图 3.90（b）所示的旋转连接轴 Connection_8.axis_1，"齿条"项中主体 3 为 rotate 元件。

（4）单击"确定"。如图 3.91（a）所示，定义好齿轮连接的元件间会出现两个齿轮与齿相连的符合。

（5）用同样的方法为另一侧的 handle 元件与 rotate 元件设置齿轮齿条连接，参数同上，单击齿条方向，选择反向。结果如图 3.91（b）所示。

（6）单击"模型"选项卡中"拖动元件"，选择 handle、rotate 零件上任意点、边、面拖动，结果如图 3.92 所示，handle、rotate、in 元件会一起联动，360°范围内均可。

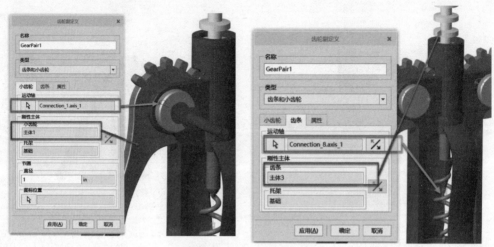

(a) 定义小齿轮　　　　　　　　　　(b) 定义齿条

图 3.90　定义齿轮齿条连接

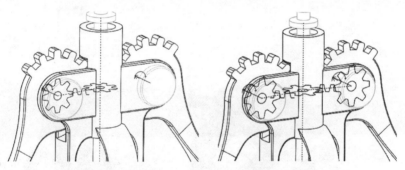

(a) 左侧齿轮齿条连接　　　　　　　(b) 右侧齿轮齿条连接

图 3.91　齿轮齿条连接显示

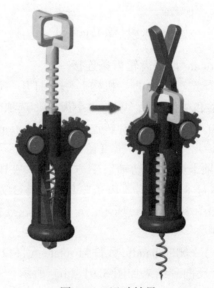

图 3.92　运动结果

步骤十：为 handle 设置转动范围

（1）单击"模型"选项卡中"拖动元件"，将 handle 元件拖动到如图 3.93 所示位置，此位置为 handle 元件旋转的下极限位置。

（2）在模型树上单击 body.prt，在弹出的菜单中单击，隐藏 body 零件。

（3）单击模型树中的 rotate.prt，弹出的菜单中选择"编辑定义"，采用拖动器，调整 rotate 最低齿至与 handle 的齿正好啮合。如图 3.94 所示位置为 rotate 元件的下极限位置。

图 3.93　handle 下极限位置

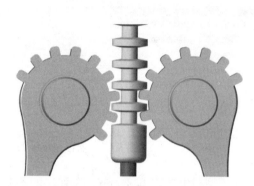

图 3.94　调整 totate 的下极限位置

（4）单击模型树中第一个 handle.prt，在弹出的菜单中选择"编辑定义"。单击销连接下的"旋转轴"，选择如图 3.95 所示的两个面作为角度计算参照。单击"设置零位置"，将当前位置设为 0 位置。勾选"最小限制"并填入 0。单击。

（5）单击"模型"选项卡中"拖动元件"，将 handle 元件旋转到如图所示位置，此时 handle 啮合上 rotate 最高位置的齿。图 3.96 所示位置为 handle 元件旋转的上极限位置。

图 3.95　旋转计算参考面

图 3.96　handle 旋转的上极限位置

（6）单击模型树中第一个 handle.prt，如图 3.97 所示在弹出的菜单中选择"编辑定义"。单击销连接下的"旋转轴"，勾选"最大限制"，查看"当前位置"框的数值，并将其填入"最大限制"框中。本例中查看数值约为 123，将 123 填入"最大限制"框。

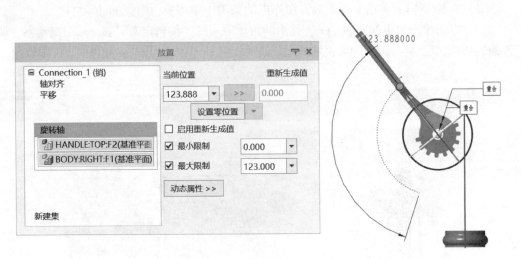

图 3.97　查看 handle 的最大限制位置

（7）在模型树上单击 body.prt，在弹出的菜单中单击 ◉，显示 body 零件。
（8）单击"模型"选项卡中"拖动元件"，拖动 handle 元件，运动效果如图 3.98 所示。

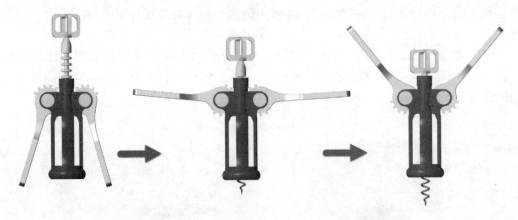

图 3.98　设置旋转范围后的运动效果

3.5.3　挠性装配

1. 订书机装配

本实例要采用挠性装配如图 3.99 所示的订书机，主要采用了约束装配和连接装配，以达到订书机上体整体可绕销进行旋转，以及订书机内侧的推动器可沿中支滑动。其中，弹簧和弹片需要采用挠性装配。

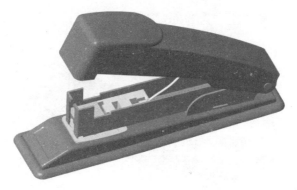

图 3.99 订书机装配

步骤一：新建装配 stapler.asm

(1) 将工作目录设为"第 3 章-STAPLER"。

(2) 在"文件"选项卡中单击"新建"，弹出"新建"对话框。

(3) 在"类型"选项组中选"装配"，"子类型"选项组中选"设计"，"名称"文本框中输入 stapler，不勾选"使用默认模板"复选框，单击"确定"按钮。

(4) 在"新文件选项"卡中，"模板"选"空"，单击"确定"进入装配设计模式。

步骤二：装配第一个元件 seat.prt

(1) 单击"模型"选项卡中的"组装"。

(2) 选择 seat.prt，单击"打开"。

步骤三：装配第二个元件 press.prt

(1) 单击"模型"选项卡中的"组装"。

(2) 选择 press.prt，单击"打开"。

(3) 在"放置"选项卡上，为 press 零件添加如图 3.100（a）所示的装配约束，单击✔。装配结果如图 3.100（b）所示。

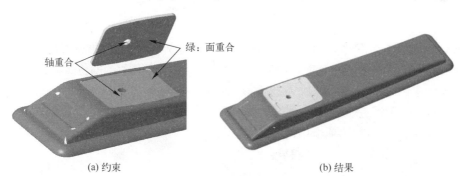

(a) 约束　　　　　　　　　　　　(b) 结果

图 3.100 装配 press 零件

步骤四：装配第三个元件 board.prt

(1) 单击"模型"选项卡中的"组装"。

(2) 选择 board.prt，单击"打开"。

(3) 在"放置"选项卡上,为 board 零件选择"默认"装配约束,单击✔,装配结果如图 3.101 所示。

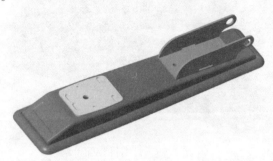

图 3.101 装配 board 零件

步骤五:装配第四个元件 box.prt
(1) 单击"模型"选项卡中的"组装"。
(2) 选择 box.prt,单击"打开"。
(3) "约束"选项卡上的"连接类型"选择"销",如图 3.102(a)所示选择 box 零件的轴线与 board 零件轴线对齐。单击✔,装配结果如图 3.102(b)所示。

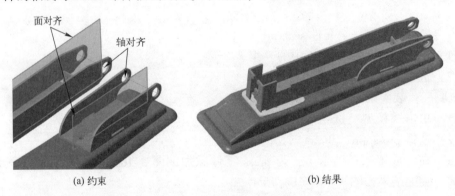

(a) 约束 (b) 结果

图 3.102 装配 box 零件

(4) 单击销连接下的"旋转轴",选择如图 3.103(a)所示的 box.prt 与 press.prt 上的两个面为旋转角度的测量面。如图 3.103(b)所示两面重合的位置设置为零位置。勾选"最大限制"并输入"0",勾选"最小限制"并输入"-180"。

步骤六:装配第五个元件 shaft.prt
(1) 单击"模型"选项卡中的"组装"。
(2) 选择 shaft.prt,单击"打开"。
(3) 在"放置"选项卡上,为 shaft 零件选择如图 3.104(a)所示装配约束,单击✔。装配结果如图 3.104(b)所示。

步骤七:装配第六个元件 needle.prt
(1) 单击"模型"选项卡中的"组装"。
(2) 选择 needle.prt,单击"打开"。
(3) 在"放置"选项卡上,为 needle 零件选择如图 3.105(a)所示装配约束,单

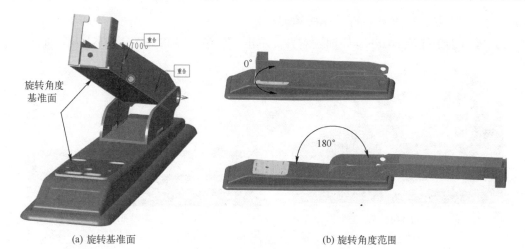

(a) 旋转基准面　　　　　　　　　(b) 旋转角度范围

图 3.103　设置 box 零件的旋转范围

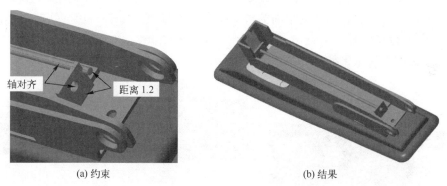

(a) 约束　　　　　　　　　(b) 结果

图 3.104　装配 shaft 零件

击✓。装配结果如图 3.105（b）所示。

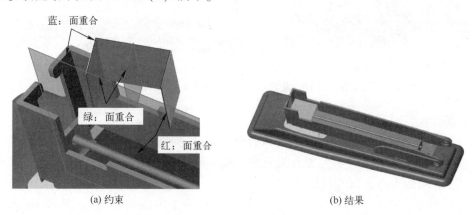

(a) 约束　　　　　　　　　(b) 结果

图 3.105　装配 needle 零件

步骤八：装配第七个元件 push_plate.prt

(1) 单击"模型"选项卡中的"组装"。

(2) 选择 push_plate.prt，单击"打开"。

（3）"约束"选项卡上的"连接类型"选择"滑块"，如图3.106（a）所示选择box零件的轴线与board零件轴线对齐。单击✓，装配结果如图3.106（b）所示。

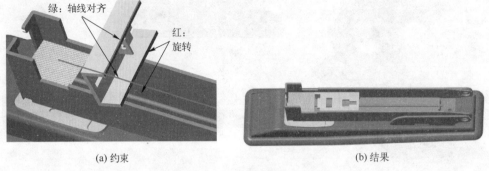

图3.106 装配push_plate零件

（4）单击滑块连接下的"平移轴"，选择如图3.107（a）所示的push_plate.prt的左端面与needle.prt的右端面两个面为滑动距离的测量面。如图3.107（b）所示两面重合的位置设置为零位置。勾选"最大限制"并输入"46"，勾选"最小限制"并输入"0"，滑动范围设置结果如图3.107（b）所示。

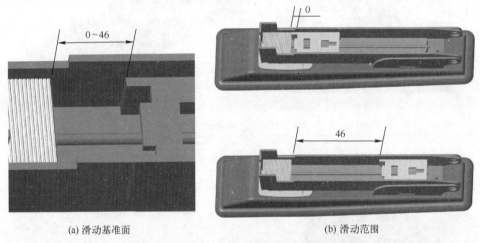

图3.107 设置push_plate零件的滑动范围

步骤九：装配第八个元件spring.prt

（1）单击"打开"📂，在独立窗口打开spring零件。单击spring零件窗口中"工具"选项卡中的"关系"，加入关系式"d2=d0/35"，其中d0是弹簧总长，d2是螺距。保存并关闭spring.prt窗口。

（2）单击"模型"选项卡中的"组装"下拉菜单中的"挠性"，选择spring.prt，单击"打开"。如图3.108（a）所示，在弹出的"可变项"菜单中，先选择弹簧，再勾选"轮廓"和"截面"，单击"完成"，单击弹簧总长度70，单击"确定"按钮。如图3.108（b）所示，在"可变项"选项卡中将"方法"项改为"距离"，在弹出的"距离"对话框中，选择如图3.109所示的push_plate和box零件两个面间距离作为弹簧长度的分析距离。单击"距离"对话框的"确定"按钮，单击"可变项"对话框的

"确定"按钮。

(a) 定义挠性量　　　　　　　　　(b) 挠性变动量定义

图 3.108　挠性装配 spring 零件

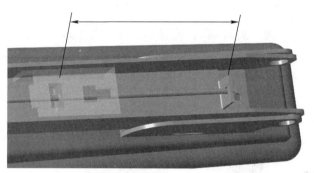

图 3.109　spring 零件挠性定义面

（3）在"放置"选项卡上，为 spring 零件选择如图 3.110（a）所示装配约束，单击 ✓。装配结果如图 3.110（b）所示。单击"模型"选项卡中"拖动元件"，选择 push_plate 零件上任意点、边、面拖动，结果如图 3.110（b）所示，spring 零件会跟随拖动而压缩或拉长。

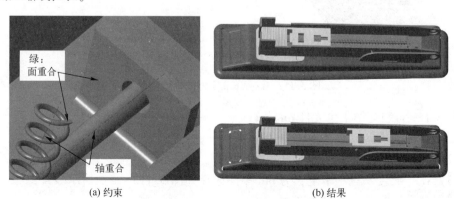

(a) 约束　　　　　　　　　　　　(b) 结果

图 3.110　装配 spring 零件

步骤十：装配第九个元件 cap.prt

（1）单击"模型"选项卡中的"组装"。

（2）选择 cap.prt，单击"打开"。

（3）"约束"选项卡上的"连接类型"选择"销"，如图所示选择 cap 零件的轴线与 board 零件轴线对齐，面与面重合。单击✔，装配结果如图 3.111 所示。

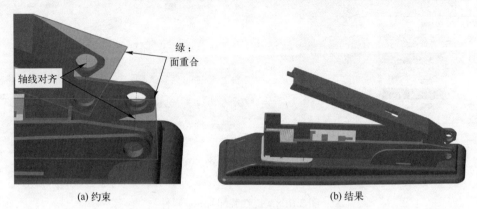

图 3.111 装配 cap 零件

（4）单击销连接下的"旋转轴"，选择如图 3.112（a）所示的 box.prt 与 press.prt 上的两个面为旋转角度的测量面。如图 3.112（b）所示两面重合的位置设置为零位置。勾选"最大限制"并输入"0"，勾选"最小限制"并输入"-170"。

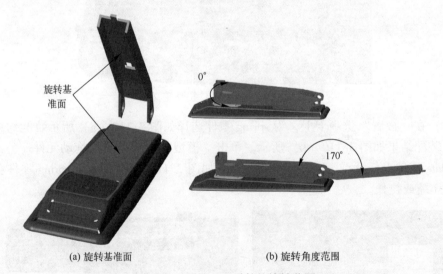

图 3.112 设置 cap 零件的旋转范围

步骤十一：装配第十个元件 pin.prt

（1）单击"模型"选项卡中的"组装"。

（2）选择 pin.prt，单击"打开"。

（3）在"放置"选项卡上，为 pin 零件选择如图 3.113（a）所示装配约束，单击✔。装配结果如图 3.113（b）所示。

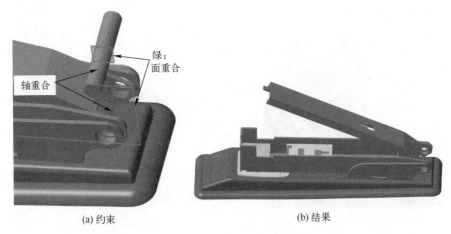

图 3.113 装配 pin 零件

步骤十二：装配第十一个元件 shell.prt

(1) 单击"模型"选项卡中的"组装" ，选择 shell.prt，单击"打开"。

(2) "约束"选项卡上的"连接类型"选择"销" ，如图 3.114（a）所示选择 shell 零件的轴线与 pin 零件轴线对齐，面与面重合。单击 ，装配结果如图 3.114（b）所示。

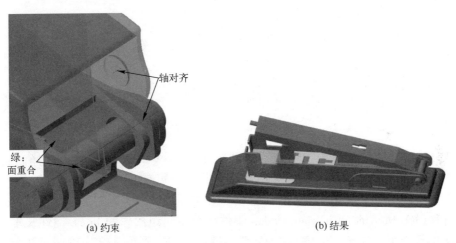

图 3.114 装配 shell 零件

(3) 单击销连接下的"新建集"，连接类型选择"刚性" ，选择如图 3.115（a）所示 shell 零件与 cap 零件上的两个面重合。完成刚性连接后，shell 零件可跟随 cap 零件一起旋转，如图 3.115（b）所示。

步骤十三：装配第十二个元件 brace.prt

(1) 单击 shell.prt，选择"隐藏" 。

(2) 单击快捷菜单栏中的"打开" ，选择 brace.prt 并打开。单击"文件"选项卡中的"准备"下的"模型属性"命令，单击"模型属性"对话框中"工具"栏下的"挠性"行，单击其后的"更改"命令，弹出如图 3.116 所示"绕性：准备可变项"对话框。单击"尺寸"项，单击 ，选择 brace 零件总长和总高，设置为可变尺寸。单击

"确定"按钮并完成设置。

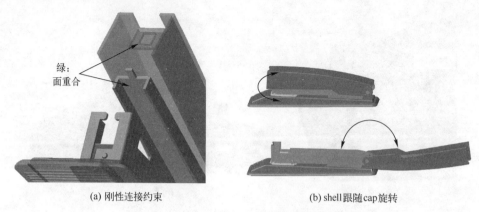

图 3.115 设置 shell 零件刚性连接

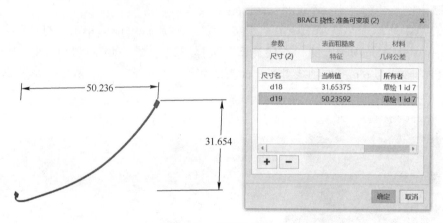

图 3.116 设置挠性尺寸

（3）单击"模型"选项卡中的"组装"下拉菜单中的"挠性"，选择 brace.prt，单击"打开"。如图 3.117（a）所示，在弹出的"可变项"菜单中，修改"方法"框中值为"距离"，单击"确定"按钮。在弹出的"距离"对话框中，选择如图 3.117（b）所示的 push_plate 和 cap 零件两个面间距离作为 brace 挠性长度的分析距离。单击"距离"对话框的"确定"按钮，单击"可变项"对话框的"确定"按钮。

（4）在"放置"选项卡上，为 brace 零件选择如图 3.118（a）、（b）所示装配约束，单击 ✓ 。装配结果如图 3.118（c）所示。

（5）单击"模型"选项卡中"拖动元件"，选择 cap 零件上任意点、边、面拖动，结果如图 3.119 所示，brace 零件会跟随拖动而压缩或拉长。

步骤十四：装配第十三个元件 cover.prt

（1）单击"模型"选项卡中的"组装"。

（2）选择 cover.prt，单击"打开"。

（3）在"放置"选项卡上，为 cover 零件选择如图 3.120（a）所示装配约束，单击 ✓ 。装配结果如图 3.120（b）所示。

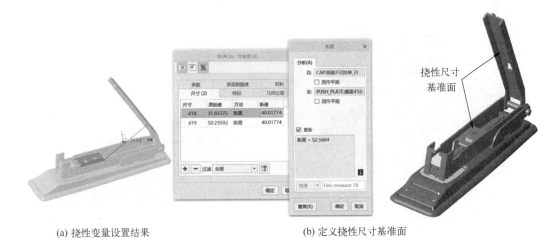

(a) 挠性变量设置结果　　　　　　　　(b) 定义挠性尺寸基准面

图 3.117　挠性装配 brace 零件

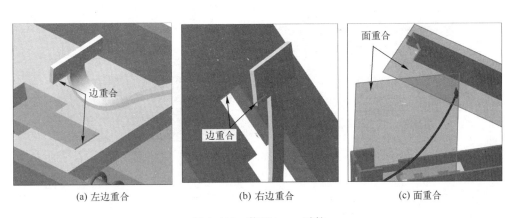

(a) 左边重合　　　　　(b) 右边重合　　　　　(c) 面重合

图 3.118　装配 brace 零件

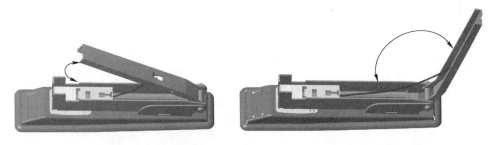

图 3.119　brace 零件挠性装配结果

步骤十五：装配第十四个元件 nail.prt

(1) 单击"模型"选项卡中的"组装" 。

(2) 选择 nail.prt，单击"打开"。

(3) 在"放置"选项卡上，为 nail 零件选择如图 3.121 (a) 所示装配约束，单击 ✔。装配结果如图 3.121 (b) 所示。

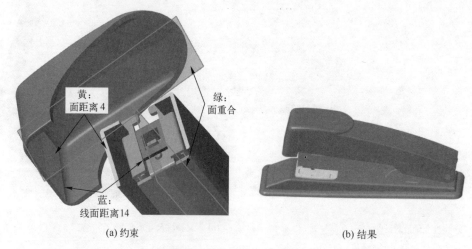

图 3.120　装配 cover 零件

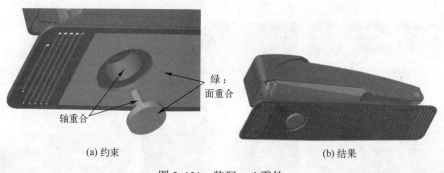

图 3.121　装配 nail 零件

3.5.4　自顶向下装配

1. 箱体箱盖装配

本实例要采用自顶向下的方式装配如图 3.122 所示的箱体箱盖，主要采用了数据共享技术进行几何发布和复制几何，以达到箱盖跟随箱体形状改变，始终满足配合关系的目的。

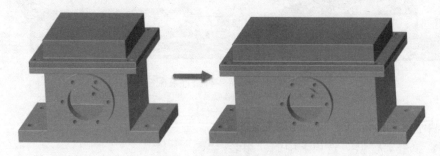

图 3.122　箱体箱盖装配

步骤一：新建零件 box_seat.prt

（1）在"文件"选项卡中单击"新建"，在"类型"选项组中选"零件"，"名称"文本框中输入 box_seat,默认勾选"使用默认模板"复选框。单击"确定"。

(2)单击"模型"选项卡中的"拉伸" ,草绘面为 TOP 面,草绘如图 3.123(a)所示截面,单击✓,深度为 60。拉伸结果如图 3.123(b)所示。

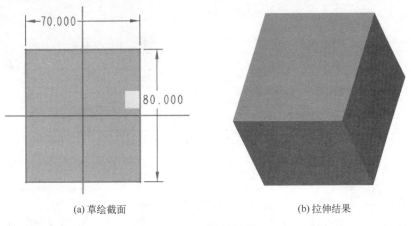

图 3.123 主体拉伸

(3)单击"模型"选项卡中的"壳" ,厚度为 5,如图 3.124 所示"移除曲面"中选主体上表面,"非默认厚度"中选抽壳后的内腔上表面,并输入 10。从图 3.125 可以看出侧壁和底部厚度的不同。

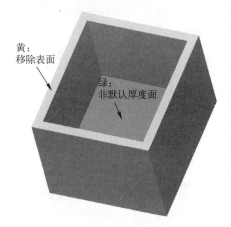

图 3.124 抽壳

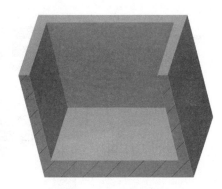

图 3.125 厚度的变化

(4)单击"模型"选项卡中的"拉伸" ,草绘面为 TOP 面,草绘如图 3.126(a)所示截面,单击✓,向上拉伸 10。拉伸结果如图 3.126(b)所示。

(5)单击"模型"选项卡中的"拉伸" ,3.127(a)所示草绘面为上表面,草绘如图 3.127(b)所示截面,单击✓,向上拉伸 5。拉伸结果如图 3.127(c)所示。

(6)单击"模型"选项卡中的"孔" ,选择"线性" ,选择"标准" ,"尺寸"选"M10×1"。放置面和偏移参考面如图 3.128(a)所示,距离 FRONT 面 25,距离 RIGHT 面 10,深度为"穿透" 。打孔结果如图 3.128(b)所示。

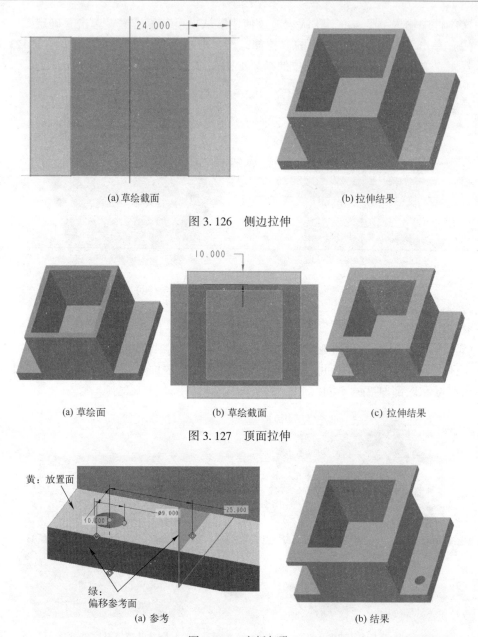

(a) 草绘截面   (b) 拉伸结果

图 3.126 侧边拉伸

(a) 草绘面   (b) 草绘截面   (c) 拉伸结果

图 3.127 顶面拉伸

(a) 参考   (b) 结果

图 3.128 底板打孔

(7) 在模型树中选中孔，单击"模型"选项卡上的"镜像"，镜像面选 FRONT 面，一次镜像结果如图 3.129（a）所示。按住 Shift 键，选择孔和镜像孔，单击"模型"选项卡上的"镜像"，镜像面选 RIGHT 面，二次镜像结果如图 3.129（b）所示。

(8) 单击"模型"选项卡中的"孔"，选择"线性"，"尺寸"为"φ6"。放置面和偏移参考面如图 3.130（a）所示。距离前顶面 6，距离右顶面 6，深度为"穿透"。打孔结果如图 3.130（b）所示。

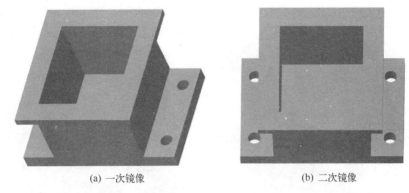

图 3.129 镜像底板孔

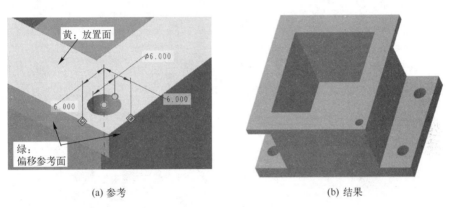

图 3.130 顶板打孔

（9）在模型树中选中孔，单击"模型"选项卡上的"镜像"，镜像面选 FRONT 面，一次镜像结果如图 3.131（a）所示。按住 Shift 键，选择孔和镜像孔，单击"模型"选项卡上的"镜像"，镜像面选 RIGHT 面，二次镜像结果如图 3.131（b）所示。

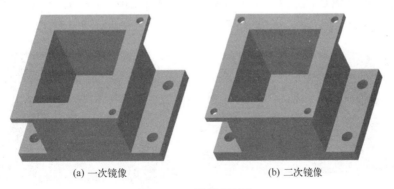

图 3.131 镜像顶板孔

（10）单击"模型"选项卡中的"孔"，选择"线性"，"尺寸"为"φ30"。放置面和偏移参考面如图 3.132（a）所示。距离 RIGHT 为 0，距离底板上面 25，深度为"穿透"。打孔结果如图 3.132（b）所示。

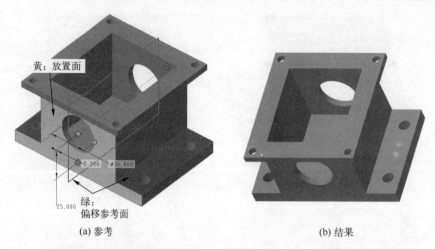

图 3.132 前壁打孔

(11) 单击"模型"选项卡中的"拉伸" ，草绘面为前表面，草绘如图 3.133（a）所示截面，单击 ，向前拉伸 5。拉伸结果如图 3.133（b）所示。

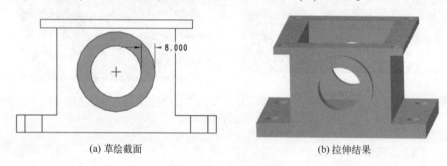

图 3.133 前表面拉伸

(12) 单击"模型"选项卡中的"孔" ，选择"径向" ，"尺寸"为"φ3.5"。放置面和偏移参考面如图 3.134（a）所示。距离轴心线为 R19，与 RIGHT 面夹角为 30°，深度为"到参考" ，选择内腔的前面。打孔结果如图 3.134（b）所示。

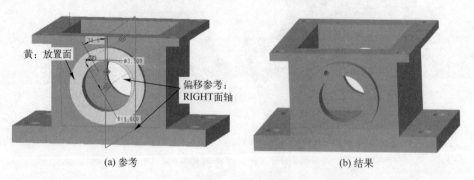

图 3.134 前壁打小孔

(13) 在模型树上选择小孔，单击"阵列" ，"类型"选"轴" ，数量为 6，角度为 60°。阵列结果如图 3.135 所示。

(14) 选择拉伸和阵列孔，将其镜像到后侧。

(15) 单击"倒圆角"，对 box_seat 的各边进行倒圆角，圆角半径为 R0.5。倒圆角结果如图 3.136 所示。

图 3.135　孔阵列

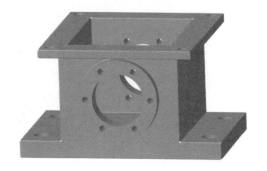
图 3.136　倒圆角

(16) 单击"模型"选项卡的"模型意图"组下的"发布几何"，弹出"发布几何"选项卡。在"曲面集"中，按住 Ctrl 键，选择如图 3.137 所示的环主体外壁 4 个面、环顶板外壁 4 个面、顶板 4 个安装孔 8 个面，一共 16 个面。单击✔，完成几何发布。

步骤二：新建零件 box_cover.prt

(1) 在"文件"选项卡中单击"新建"，在"类型"选项组中选"零件"，"名称"文本框中输入 box_cover，默认勾选"使用默认模板"复选框。单击"确定"。

(2) 单击"模型"选项卡中的"复制几何"，打开"复制几何"选项卡。单击"参考模型"后的，选择 box_seat.prt，在弹出的"放置"框中，默认"默认"选项，单击"确定"。单击"发布几何参考"，在弹出的小窗口中单击第一步创建的发布几何，单击✔，完成几何复制，复制几何结果如图 3.138 所示。

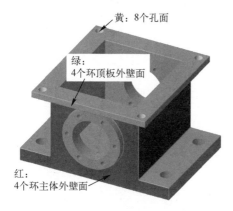
图 3.137　发布几何选项

图 3.138　复制几何结果

(3) 单击"模型"选项卡中的"拉伸"，草绘面为 TOP 面，选择外壁 4 个面作为草绘参考，绘制如图所示截面，单击✔，向上拉伸 20。拉伸结果如图 3.139 所示。

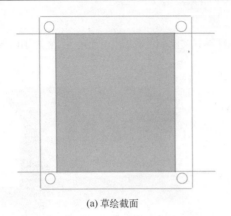 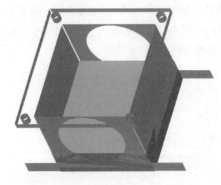

(a) 草绘截面　　　　　　　　　　(b) 拉伸结果

图 3.139　主体拉伸

（4）单击"模型"选项卡中的"壳"，厚度为 5，如图 3.140"移除曲面"中选主体下表面。

（5）单击"模型"选项卡中的"拉伸"，草绘面为 TOP 面，选择环主体外壁 4 个面、环顶板外壁 4 个面和 4 个孔曲面作为草绘参考，绘制如图 3.141 所示截面，单击 ，向上拉伸 5。单击模型树上"外部复制几何"，在弹出的菜单中单击 ，隐藏外部复制特征。边板拉伸结果如图 3.142 所示。

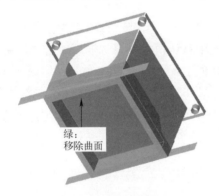 

图 3.140　抽壳移除面　　　　　　图 3.141　边板拉伸草绘

（6）单击"倒圆角"，对 box_cover 的各边进行倒圆角，圆角半径为 R0.5。倒圆角结果如图 3.143 所示。

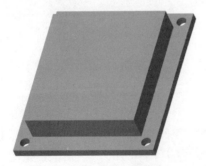 

图 3.142　边板拉伸结果　　　　　图 3.143　倒圆角结果

步骤三：新建装配 box.asm

（1）在"文件"选项卡中单击"新建"，在"类型"选项组中选"装配"，"名称"文本框中输入 box，不勾选"使用默认模板"复选框，单击"确定"按钮。在"新文件选项"卡中，"模板"选"空"，单击"确定"按钮。

（2）单击"模型"选项卡中的"组装"，选择 box_seat.prt，单击"打开"。

（3）单击"模型"选项卡中的"组装"，选择 box_cover.prt 并打开。为 box_cover.prt 元件添加如图 3.144（a）所示的约束，单击 ✓。装配结果如图 3.144（b）所示。

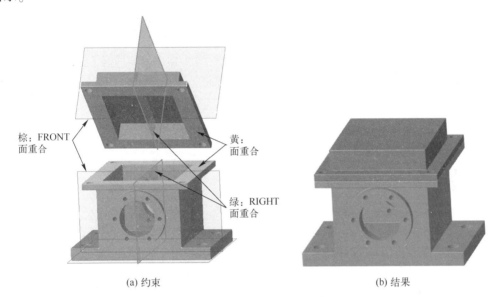

(a) 约束　　　　　　　　　　　　(b) 结果

图 3.144　装配 box_cover 零件

步骤四：改变 box_seat.prt 尺寸，观察 box_cover.prt 及 box.asm 的变化

（1）在 box.asm 模型树中单击 box_seat.prt，在弹出的菜单中选择，在新窗口中打开 box_seat.prt。

（2）在 box_seat.prt 模型树中单击第一个拉伸，在弹出的菜单中单击"编辑尺寸"，选择长度方向尺寸 70，双击并输入 120。单击快捷菜单栏的"重新生成"，结果如图 3.145 所示。

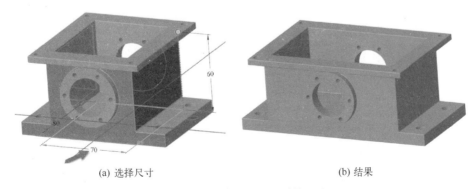

(a) 选择尺寸　　　　　　　　　　(b) 结果

图 3.145　改变 box_seat 零件尺寸

（3）关闭 box_seat.prt，返回 box.asm。此时的 box_cover 元件如图 3.146（a）所示。单击快捷菜单栏的"重新生成" ，box_cover 跟随 box_seat 的变化结果如图 3.146（b）所示。

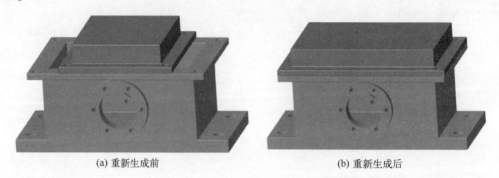

(a) 重新生成前　　　　　　　　　　(b) 重新生成后

图 3.146　重新生成 box.asm

第 4 章 运动仿真与分析

4.1 运动仿真与分析概述

Creo 的机构模块中可以对一个机构装置进行运动仿真及分析，可以查看机构的运行状态，进行位置分析、运动分析，为检验和改进机构设计提供参考数据。

4.1.1 术语及概念

在 Creo 机构模块中，常用术语解释如下。

（1）机构：由一定数量连接元件和固定元件组成，能完成特定动作的装配体。

（2）连接元件：以连接方式添加到装配体中的元件。连接元件与附着的元件间有相对运动。

（3）固定元件：以一般约束装配方式添加到装配体中的元件。固定元件与附着的元件间没有相对运动。

（4）连接：实现元件间相对机械运动的约束集，如滑块连接、圆柱连接等。

（5）自由度：连接类型提供不同的运动限制。

（6）主体：机构中彼此间没有相对运动的一组元件或一个元件。

（7）基础：机构中固定不动的一个主体，其他主体可以相对于基础运动。

（8）伺服电动机：为机构的平移或旋转提供驱动，可在接头或几何图元上放置伺服电动机，并指定位置、速度或加速度与时间的函数关系。

（9）执行电动机：作用于旋转或平移连接轴上而引起运动的力。

4.1.2 Creo 机构模块界面

机构功能区模块位于用户界面上方，集成在装配工作界面中，通过装配界面切换到机构工作界面。

在装配文件中，单击"应用程序"功能选项卡"运动"选项组中的"机构" ，进入机构模块，界面如图 4.1 所示，其中大部分命令和之前模型选项卡类似。下面简单介绍与模型选项卡界面不同的部分命令。

1. "机构"选项卡

如图 4.2 所示，"机构"选项卡包含 Creo 中与机构相关的操作命令，各区域功能简要说明如下。

Creo 9.0 机械设计、建模与分析

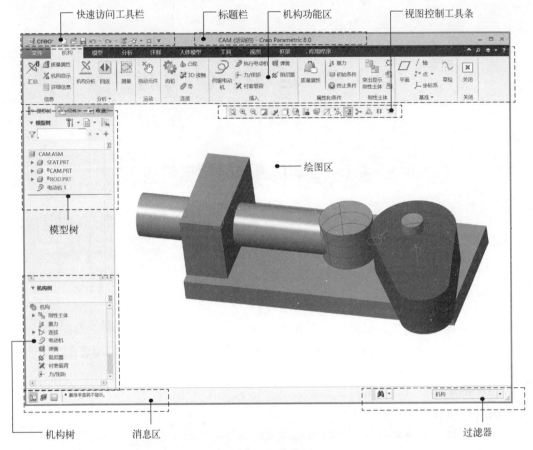

图 4.1 机构界面

图 4.2 "模型"选项卡

(1) 信息：显示当前机构中的质量属性、机构图标和细节信息。
(2) 分析：创建或查看机构分析、已有分析结果回放、创建测量项目等。
(3) 运动：拖动元件到合适的位置以便进行仿真。
(4) 连接：创建特殊机构的连接，如齿轮、凸轮、带传动和 3D 接触等。
(5) 插入：在机构中创建伺服电动机、执行电动机、弹簧、衬套、阻尼、力和转矩等。
(6) 刚性主体：定义和编辑刚性主体。
(7) 基准：创建基准特征。
(8) 关闭：退出机构模块。

2. "模型树"和"机构数"

机构模块界面左侧显示的是"模型树"和"机构树"。

模型树上列出了所有创建的特征，以结构树的形式显示，并自动以"子树关系"表示特征之间的"父子关系"。在结构树上单击某个特征，图形区的对应特征被选中并高亮显示。右键单击该特征，在弹出的快捷菜单中，可对该特征进行操作。

机构树显示当前机构中的所有对象，用于管理机构动力学分析创建的各种特征、环境的结构树，包含主体、重心、连接、电动机、弹簧、阻尼器、衬套载荷、力/扭矩、初始条件、终止条件、分析、回放 12 种机构特征。选择不同的对象，可以快速进行创建或编辑操作。

4.2 Creo 运动仿真与分析的一般过程

Creo 的运动仿真与分析是基于组件进行的，在装配时使用约束集连接元件，然后进入机构模块进行运动仿真和分析，其主要步骤如图 4.3 所示。

第一，创建一个装配体模型并为其中的元件添加约束。第二，进入机构界面，拖动元件，研究机构中各元件的运动特性及运动范围，如果需要，还可以向装配体中添加齿轮、凸轮等机构连接。第三，为机构增加伺服电动机，定义接头或几何图元的旋转、平移运动等，定义好之后就可以通过机构分析命令指定运动的时间范围并创建运动记录。第四，保存运动结果，可以图形方式查看各种运动结果。

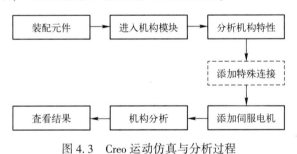

图 4.3 Creo 运动仿真与分析过程

4.2.1 特殊连接

Creo 中有 4 种特殊连接，用于设置特殊连接后进行各种分析。这四种连接分别是凸轮连接、3D 接触连接、齿轮连接和传动带连接，下面分别简单介绍。

1. 凸轮连接

凸轮连接是用凸轮的轮廓控制从动件的运动规律。凸轮连接只需要指定两个主体上的各一个（或一组）曲面或曲线即可。

2. 3D 接触连接

3D 接触连接是利用空间点重合来使得元件与元件发生关联。利用 3D 接触功能，可以模拟机构中两元件之间的接触不穿透以及碰撞，还可以用于分析研究压力角、接触面积和滑动速度等参数。3D 接触连接可以任意旋转和平移，具有 3 个旋转自由度和 3 个移动自由度。

3. 齿轮连接

齿轮连接用于控制两个旋转轴之间的速度关系。Creo 中齿轮连接分为标准齿轮和齿轮齿条两种类型，其中标准齿轮需定义两个齿轮；齿轮齿条需定义一个齿轮和一个齿条。齿轮连接由两个主体和一个旋转轴构成，因此在定义齿轮连接前，机构中已定义含有旋转轴的连接约束。

4. 传动带连接

传动带连接通过两个带轮曲面和带平面进行重合连接。带传动由两个带轮和一根紧绕在两轮上的传动带组成，依靠带与带轮接触面之间的摩擦力来传递运动和动力。

4.2.2 机构分析

当机构模型创建完成并定义伺服电动机后，可以对机构进行分析工作，包括位置分析、运动分析、动态分析、静态分析和力平衡分析。

1. 位置分析

通过伺服电动机带动机构运动，对主体的移动、距离等参数进行分析。使用位置分析机构运动，可以记录在连接约束下，机构中各元件的位置数据，且可以不考虑重力、质量和摩擦等因素。只要元件连接正确并已定义好伺服电动机，即可进行位置分析。

2. 运动学分析

分析机构中的位移、速度、加速度、距离、自由度和角加速度等。由于仅考虑机构的运动，因此不需要指定质量属性、执行电动机等外部载荷。

3. 动态分析

在考虑质量、惯性等外力作用的情况下，分析机构中除测力计以外的所有类型的力。

4. 静态分析

静态分析主要用于研究机构主体平衡时的受力情况。静态分析中不考虑速度及惯性，主要考虑机构平衡状态。

5. 力平衡分析

力平衡分析用于分析机构处于某一形态时，为保证其静平衡所需施加的外力。力平衡分析是静态分析的逆分析。

4.3 运动仿真与分析实例

4.3.1 基础实例

1. 凸轮机构

本实例要创建的凸轮机构如图 4.4 所示，主要学习机构中的凸轮连接、定义伺服电动机并进行相关的动态分析。

步骤一：装配机构模型 cam.asm

（1）在"文件"选项卡中单击"新建"，"类型"选项组中选"装配"，"名称"文本框中输入 cam，不勾选"使用默认模板"复选框，单击"确定"按钮。在"新文件选项"卡中，"模板"选"空"，单击"确定"按钮进入装配设计模式。

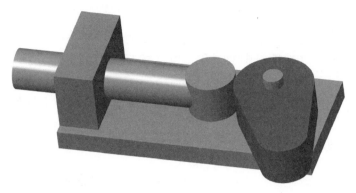

图 4.4 凸轮机构

(2) 单击"模型"选项卡中的"组装"，选择 seat.prt，单击"打开"，如图 4.5（a）所示。

(3) 单击"模型"选项卡中的"组装"，选择 cam.prt，单击"打开"。"连接类型"选择"销"，在"轴对齐"约束中选择 seat 零件的轴线与 cam 零件轴线对齐，在"平移"选择 seat 零件的上表面与 cam 零件下表面重合，如图 4.5（b）所示。

(4) 单击"模型"选项卡中的"组装"，选择 rod.prt，"连接类型"选择"滑块"，在"轴对齐"约束中选择 rod 零件的轴线与 seat 零件轴线对齐，在"平移"选择 rod 零件的上表面与 seat 零件上表面重合，如图 4.5（c）所示。

(5) 凸轮机构 cam.asm 装配结果，如图 4.5（d）所示。

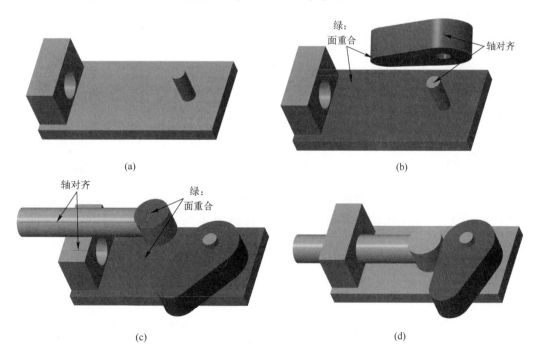

图 4.5 装配凸轮机构

步骤二：定义伺服电动机

（1）单击"应用程序"选项卡中的"机构" 。

（2）单击"插入"选项组中的"伺服电动机" ，系统弹出"电动机"选项卡。选择如图 4.6 所示的 cam 上的参考轴为运动轴。

（3）单击"配置文件详情"，打开图 4.7 所示配置文件详情对话框，"驱动数量"下拉框中选择"角速度"，"系数 A："数值框中输入 36。

（4）单击"确定"，完成伺服电动机的定义。

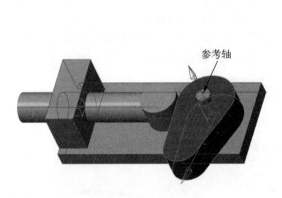

图 4.6　设置旋转轴

图 4.7　设置配置文件

步骤三：定义凸轮连接

（1）单击"连接"选项组中的"凸轮" ，打开如图 4.8（a）所示"凸轮从动机构连接定义"对话框。

（2）定义"凸轮 1"参考，按住 ctrl 键选取图 4.8（b）所示 cam 零件外周曲面为凸轮 1 的参考面。

（3）定义图 4.9（a）所示"凸轮 2"参考，按住 Ctrl 键选取图 4.9（b）所示 rod 零件外周曲面为凸轮 2 的参考面。

（4）单击"凸轮从动机构连接定义"对话框中的"确定"按钮，完成凸轮定义。

步骤四：设置初始条件，如下

（1）单击"运动"选项组中的"拖动元件" ，单击 cam 零件任意部分，转动 cam 零件到图 4.10（a）所示位置。

（2）单击图 4.10（b）所示"拖动"对话框中的"当前快照" ，记录当前位置为快照 1 "Snapshot1"。

（3）单击"关闭"，完成初始条件设置。

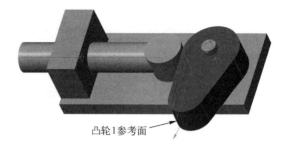

(a) 凸轮1设置　　　　　　　　　　　　(b) 凸轮1参考面

图 4.8　设置凸轮 1

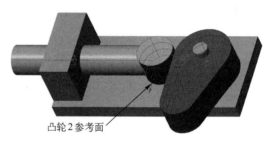

(a) 凸轮2设置　　　　　　　　　　　　(b) 凸轮2参考面

图 4.9　设置凸轮 2

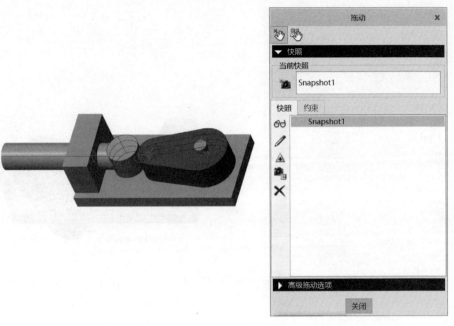

(a) 拖动凸轮　　　　　　　　　　　　(b) 拖动对话框

图 4.10　设置初始条件

步骤五：定义动态分析

(1) 单击"分析"选项组中的"机构分析"，系统弹出图 4.11（a）所示的"分析定义"对话框。在"结束时间"后面框内输入 50，在"初始配置"中选择"快照 Snapshot1"。

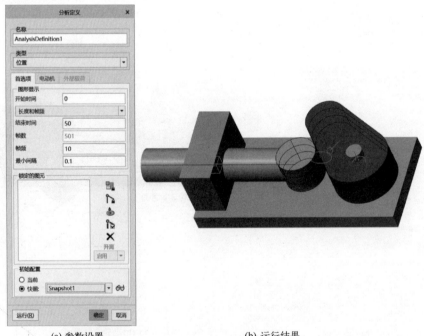

(a) 参数设置　　　　　　　　　　　　(b) 运行结果

图 4.11　定义动态分析

(2) 单击"运行（R）"，查看机构运行情况，如图 4.11（b）所示。

(3) 单击"确定"按钮，完成运动分析。

2. 带轮机构

本实例要创建的带轮机构如图 4.12 所示，主要介绍机构中的带轮连接并进行相关的动态分析。

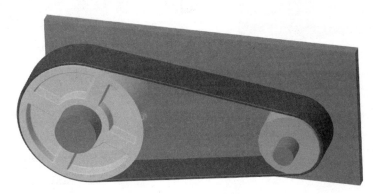

图 4.12 带轮机构

步骤一：装配机构模型 belt.asm

（1）在"文件"选项卡中单击"新建" ，"类型"选项组中选"装配"，"名称"文本框中输入 belt，不勾选"使用默认模板"复选框，单击"确定"按钮。在"新文件选项"卡中，"模板"选"空"，单击"确定"按钮进入装配设计模式。

（2）单击"模型"选项卡中的"组装" ，选择 seat.prt，单击"打开"，如图 4.13（a）所示。

（3）单击"模型"选项卡中的"组装" ，选择 wheel1.prt，单击"打开"。"连接类型"选择"销" ，如图 4.13（b）所示，在"轴对齐"约束中选择 seat 零件的轴线与 wheel1 零件轴线对齐，在"平移"选择 seat 零件的上表面与 wheel1 零件下表面相距 10。

（4）单击"模型"选项卡中的"组装" ，选择 wheel2.prt，单击"打开"。"连接类型"选择"销" ，如图 4.13（c）所示，在"轴对齐"约束中选择 seat 零件的轴线与 wheel2 零件轴线对齐，在"平移"选择 seat 零件的上表面与 wheel2 零件下表面相距 10。

（5）单击"模型"选项卡中的"组装" ，选择 wheel2.prt，单击"打开"，为其添加如图 4.13（d）所示的约束。

步骤二：定义带传动

（1）选择 belt.prt 零件，单击快捷菜单中的"隐藏" ，隐藏带零件。

（2）单击"应用程序"选项卡中的"机构" ，进入机构模块。

（3）单击"连接"选项组中的"带" ，系统弹出"带"选项板，按住 Ctrl 键选择如图 4.14（a）所示 wheel1 和 wheel2 轮缘曲面。

（4）单击"确定" ，装配结果如图 4.14（b）所示。

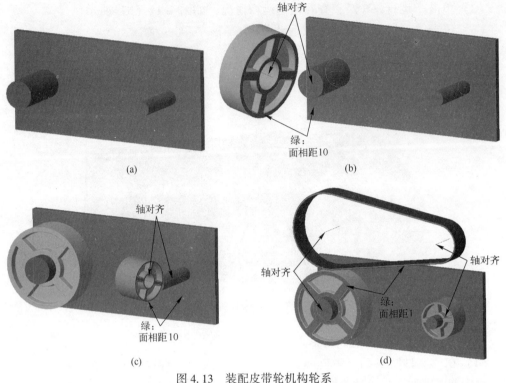

图 4.13 装配皮带轮机构轮系

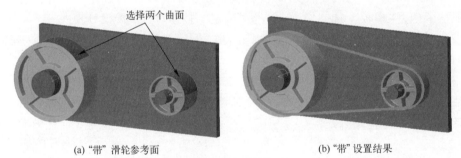

图 4.14 设置带传动

步骤三：定义伺服电动机

（1）单击"应用程序"选项卡中的"机构"。

（2）单击"插入"选项组中的"伺服电动机"，系统弹出"电动机"选项卡。选择如图 4.15 所示 wheel1 上的参考轴为运动轴。

（3）单击"配置文件详情"，打开如图 4.16 所示配置文件详情对话框，"驱动数量"下拉框中选择"角速度"，"系数 A："数值框中输入 10。

（4）单击"确定"，完成伺服电动机的定义。

步骤四：建立运动分析并运行

（1）单击"运动"选项组中的"机构分析"，单击弹出"分析定义"对话框。

（2）如图 4.17（a）所示"分析定义"对话框中，分析类型选"位置"，"开始时间"框中输入 0，测量时间域的方式选择"长度和帧频"，"结束时间"框中输入 10，"帧频"框中输入 10，"初始配置"选"当前"。

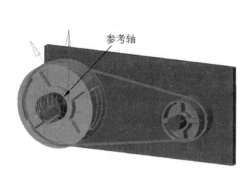

图 4.15 设置旋转轴　　　　　　　　图 4.16 设置配置文件

(3) 单击"运行",查看运行结果如图 4.17 (b) 所示。

(4) 单击"确定",完成运动分析。

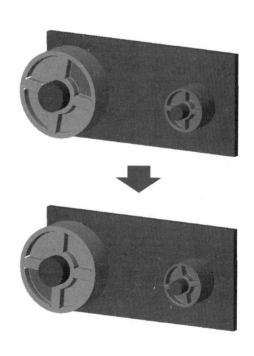

(a) 分析定义对话框　　　　　　　　(b) 带传动运行结果

图 4.17 带传动分析定义

4.3.2 典型实例

1. 活塞气缸机构

本实例介绍气缸活塞组件的运动仿真分析，重点关注怎么设置运动的各参数，实现匀速运动或加速运动等不同的运动效果。

步骤一：打开活塞气缸机构

（1）单击"打开" ，选择 PISTON 目录下的 piston.asm，单击"打开"。

（2）打开装配完毕的活塞气缸机构，如图4.18所示。

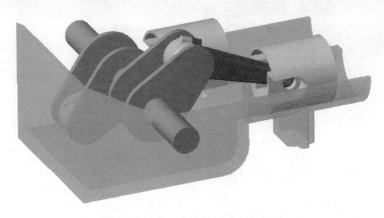

图 4.18 装配完毕的活塞气缸机构

步骤二：定义伺服电动机，设置匀速转动

（1）单击"应用程序"选项卡中的"机构" 。

（2）单击"插入"选项组中的"伺服电动机" ，系统弹出"电动机"选项卡。选择图4.19所示 crankshaft 上的参考轴为运动轴，单击"反向"可以改变运动轴的方向。

（3）单击"配置文件详情"，打开图4.20所示配置文件详情对话框，"驱动数量"下拉框中选择"角速度"，"系数 A："数值框中输入30。

（4）单击"确定"，完成伺服电动机的定义。

步骤三：匀速运动分析和运行

（1）单击"运动"选项组中的"机构分析" ，单击弹出"分析定义"对话框。

（2）如图4.21（a）所示"分析定义"对话框中，分析类型选"位置"，"开始时间"框中输入0，测量时间域的方式选择"长度和帧频"，"结束时间"框中输入20，"帧频"框中输入10，"初始配置"选"当前"。

（3）单击"运行"，查看运行结果。单击"确定"，完成运动分析如图4.21（b）所示。

（4）单击"机构"选项卡下的"回放" ，单击"播放当前结果集" 。

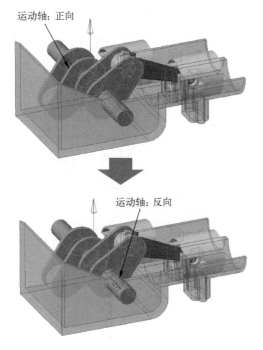

图 4.19　设置运动轴方向

图 4.20　设置配置文件

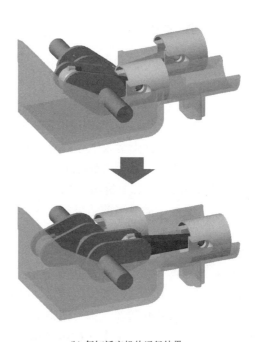

(a) 分析定义对话框　　　　　　　　(b) 气缸活塞机构运行结果

图 4.21　气缸活塞机构运动分析定义

步骤四：定义伺服电动机，设置加速转动，如下：

（1）在如图 4.22 所示左侧机构树中找到"电动机-伺服-电动机 1（速度-PISTON）"，单击"电动机 1（速度-PISTON）"，在弹出的快捷菜单中选择"重定义"。

（2）系统弹出图 4.23 所示"配置文件详情"，"函数类型"选"斜坡"，"系数 A"框中输入 30，"系数 B"框中输入 60。

（3）单击"确定"，完成伺服电动机的重定义。

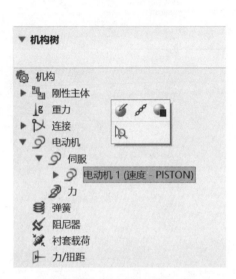

图 4.22　设置运动轴方向

图 4.23　设置配置文件

步骤五：加速运动分析和运行，如下：

（1）单击"运动"选项组中的"机构分析"，单击弹出"分析定义"对话框。

（2）"分析定义"对话框中，名称选择"AnalysisiDefinition2"，分析类型选"位置"，"开始时间"框中输入 0，测量时间域的方式选择"长度和帧频"，"结束时间"框中输入 20，"帧频"框中输入 10，"初始配置"选"当前"。

（3）单击"运行"，查看运行结果。单击"确定"，完成运动分析。

（4）单击图 4.24 所示"机构"选项卡下的"回放"，"结果集"选择"AnalysisiDefinition2"，单击"播放当前结果集"，可以看到气缸活塞机构做由慢到快的加速运动。

2. 双翼开瓶器

本实例介绍双翼开瓶器的运动仿真分析，重点关注怎么利用表设置多个伺服电动机，实现多个零件同时协同运动或先后运动的效果。

步骤一：打开双翼开瓶器机构，调整双翼位置为最下端位置

（1）单击"打开"，选择 CORKSCREW 目录下的 corkscrew.asm，单击"打开"。

（2）单击"拖动元件"，在图形区域选中左翼任意位置，将其旋转至图 4.25 所示最下端位置。

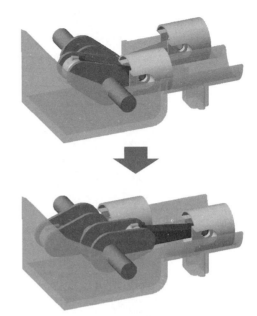

(a) 回放对话框　　　　　　　　(b) 气缸活塞机构加速运行结果

图 4.24　气缸活塞运动分析定义

图 4.25　双翼开瓶器机构

步骤二：定义伺服电动机，设置左翼转动

（1）单击"应用程序"选项卡中的"机构" 。

（2）单击"插入"选项组中的"伺服电动机" ，系统弹出"电动机"选项卡。选择如图 4.26 所示的左翼 handle 上的参考轴为运动轴。

(3) 单击"配置文件详情",打开图4.27所示配置文件详情对话框,"函数类型"下拉框中选择"表",单击"向表中添加行"，依次添加多行并修改数值。

(4) 单击"确定",完成伺服电动机的定义。

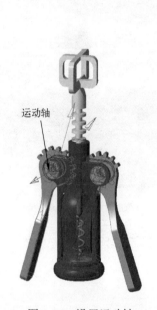

图4.26 设置运动轴

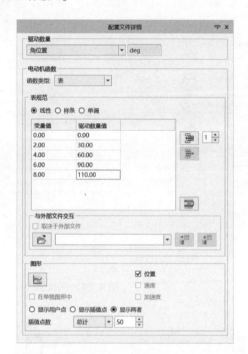

图4.27 设置配置文件

步骤三:双翼上行运动分析和运行

(1) 单击"运动"选项组中的"机构分析"，单击弹出"分析定义"对话框。

(2) 图4.28(a)所示"分析定义"对话框中,分析类型选"位置","开始时间"框中输入0,测量时间域的方式选择"长度和帧频","结束时间"框中输入8,"帧频"框中输入10,"初始配置"选"当前"。

(3) 单击"运行",查看运行结果。单击"确定",完成运动分析。

(4) 单击"机构"选项卡下的"回放"，单击"播放当前结果集"，结果如图4.28(b)所示。

步骤四:定义伺服电动机,设置螺杆相应转动

(1) 单击"应用程序"选项卡中的"机构"。

(2) 单击"插入"选项组中的"伺服电动机"，系统弹出"电动机"选项卡。选择图4.29所示机构树上螺杆的旋转轴为运动轴,注意运动方向为向上。

(3) 单击"配置文件详情",打开图4.30所示配置文件详情对话框,"函数类型"下拉框中选择"表",单击"向表中添加行"，依次添加多行并修改数值。

(4) 单击"确定",完成伺服电动机的定义。

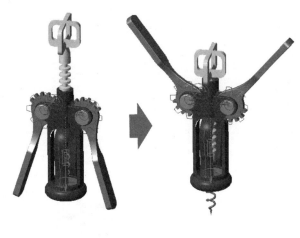

(a) 分析定义对话框　　　　　　　(b) 双翼开瓶器机构运行结果

图 4.28　双翼开瓶器机构运动分析定义

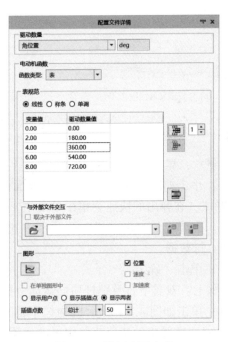

图 4.29　从机构树选择运动轴　　　　图 4.30　设置配置文件

步骤五：双翼上行及螺杆协同运动分析和运行

(1) 单击"运动"选项组中的"机构分析"，单击弹出"分析定义"对话框。

(2) 如图 4.31（a）所示"分析定义"对话框中，分析类型选"位置"，"开始时间"框中输入 0，测量时间域的方式选择"长度和帧频"，"结束时间"框中输入 8，"帧频"框中输入 10，"初始配置"选"当前"。

(3) 单击"运行"，查看运行结果。单击"确定"，完成运动分析，如图 4.31（b）所示。

(4) 单击"机构"选项卡下的"回放" ◆▶，单击"播放当前结果集" ◆▶。

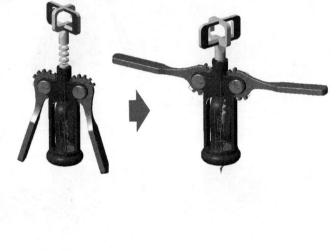

(a) 分析定义对话框　　　　　　　(b) 双翼开瓶器机构运行结果

图 4.31　双翼开瓶器运动分析

步骤六：双翼下行运动分析和运行

(1) 单击如图 4.32 所示机构树下面的"电动机-伺服-电动机 2（位置-CORKSCREW）"，在弹出的快捷菜单中单击"重定义"。

(2) 在弹出的"电动机"选项卡中找到"配置文件详情"，在表中增加如图 4.33 所示的 6 行数据。

(3) 单击"确定"。

步骤七：双翼下行及螺杆协同运动分析和运行

(1) 单击如图 4.34 所示机构树下面的"电动机-伺服-电动机 1（位置-CORKSCREW）"，在弹出的快捷菜单中单击"重定义"。

(2) 在弹出的"电动机"选项卡中找到"配置文件详情"，在表中增加如图 4.35 所示的 1 行数据。

(3) 单击"确定"。

第 4 章　运动仿真与分析

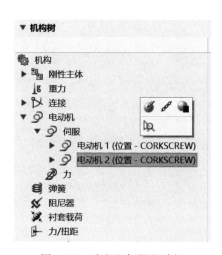

图 4.32　重定义伺服电动机

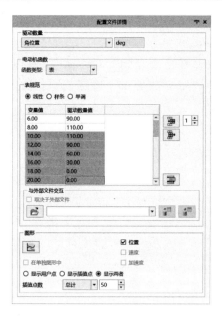

图 4.33　增加行

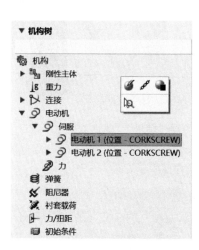

图 4.34　重定义伺服电动机

图 4.35　增加行

步骤八：查看完整运行结果并生成动画

（1）单击"机构"选项卡下的"拖动元件" ，将双翼拖动旋转至最下端位置。

（2）单击"运动"选项组中的"机构分析" ，单击弹出"分析定义"对话框。

（3）"分析定义"对话框中，"结束时间"框中输入 20。

（4）单击"运行"，查看运行结果。单击"确定"，完成运动分析。

（5）单击"机构"选项卡下的"回放" ，弹出图 4.36 所示"回放"对话框，

161

单击"播放当前结果集" ，弹出图 4.37 所示的"动画"对话框查看结构完整运行结果如图 4.38 所示。

(6) 单击"动画"对话框中的"捕获…"，弹出图 4.39 所示"捕获"对话框，格式选择"AVI"，单击"确定"，则可将运行结果保存为 AVI 格式的动画。

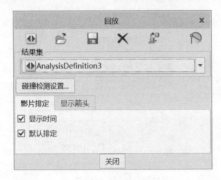
图 4.36 回放对话框

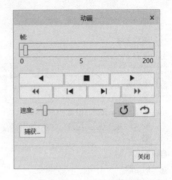
图 4.37 动画对话框

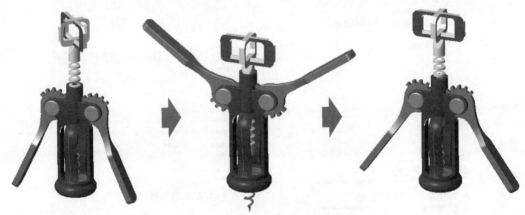
图 4.38 双翼开瓶器完整运行结果

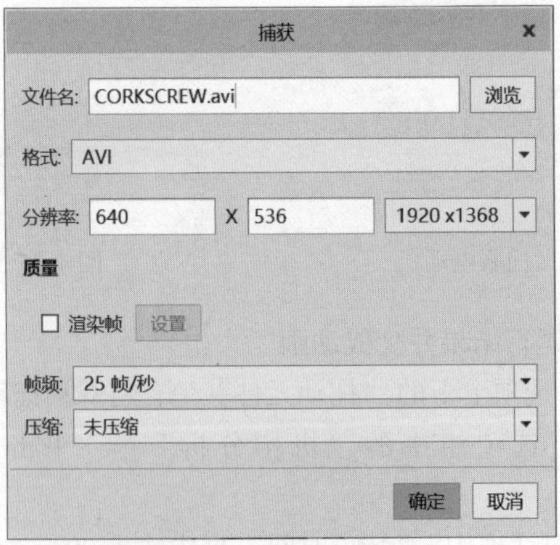

图 4.39 捕获对话框

参 考 文 献

[1] 刘苏．工业产品的数字化模型与CAD图样［M］．北京：科学出版社，2020．
[2] 孙海波，陈功．Creo Parametric 8.0三维造型及应用［M］．南京：东南大学出版社，2023．
[3] 詹友刚．Creo 6.0机械设计教程［M］．北京：机械工业出版社，2021．
[4] 钟日铭．Creo 7.0装配与产品设计［M］．北京：机械工业出版社，2021．
[5] 北京兆迪科技有限公司．Creo 6.0运动仿真与分析教程［M］．北京：机械工业出版社，2021．